野外低压电气
安全作业培训教程

中国石油渤海钻探职工教育培训中心 编

石油工业出版社

内 容 提 要

本书内容包括电工基础知识、触电危害与急救、电气安全工作要求与措施、防触电技术、电气防火防爆、防雷与防静电、低压配电装置、电气线路、照明电路、异步电动机、手持电动工具及移动式电气设备、电容器及互感器、电工仪表及测量、钻井井场常用电动钻机及控制简介、钻修井作业现场安全用电管理。

本书既可作为石油钻探行业的专兼职低压电工培训教材，也可用作安全管理人员、电气设备管理人员、现场监督以及电气作业人员的自学或参考用书。

图书在版编目(CIP)数据

野外低压电气安全作业培训教程/中国石油渤海钻探职工教育培训中心编. —北京：石油工业出版社，2018.9

ISBN 978-7-5183-2769-0

Ⅰ.①野… Ⅱ.①中… Ⅲ.①油气钻井-电气安全-安全培训-教材 Ⅳ.①TE28

中国版本图书馆 CIP 数据核字(2018)第 159150 号

出版发行：石油工业出版社
（北京安定门外安华里2区1号楼 100011）
网　　址：www.petropub.com
编辑部：(010)64523550　图书营销中心：(010)64523633
经　销：全国新华书店
印　刷：北京中石油彩色印刷有限责任公司

2018年9月第1版　2018年9月第1次印刷
787×1092毫米　开本：1/16　印张：11.5
字数：285千字

定价：48.00元
（如发现印装质量问题，我社图书营销中心负责调换）
版权所有，翻印必究

《野外低压电气安全作业培训教程》
编 写 组

主　编：梁建芬

副主编：李爱忠　张　勇

编写人：王建新　高志和　孙延罡　王　桓　李　慧
　　　　周雪菡　谢俊玲　张　勇　江泽帮　闫金杰
　　　　李　兵　吕　辉　李　健　范世强　周见果
　　　　王海燕　杜　建　王　富

前　言

　　石油钻探企业施工队伍流动性较大,施工环境恶劣,井场电气设备设施多,野外作业安全风险大。对于多数现场作业人员,没有经过针对性强、贴近实际的安全用电培训,因而用电方面导致的事故时有发生。对此,中国石油渤海钻探工程有限公司极其重视用电安全,2015年初,组织相关人员在《钻修井井场安全用电管理办法(第二版)》的基础上进行修订,并制定出了适用于办公楼、车间等后勤各单位的通用安全用电管理办法,编写了针对性、实用性强的培训课件,开展了大规模培训,共计培训3000余人,参培人员涵盖电气作业人员、安全管理人员、设备管理人员以及现场监督,培训效果极其显著,并收获了宝贵的经验。培训结束后,中国石油渤海钻探职工教育培训中心进行教学总结,认真归纳梳理、修改完善,编写了本书。

　　本书适应石油钻探行业电气作业人员需要,内容深浅适宜,繁简适度,与实际工作结合紧密,在原培训内容的基础上增加了四方面内容:一是防雷部分编入了石油作业现场防雷设施要求;二是防静电部分编入了作业现场防静电措施及施工作业中防静电要求;三是编入了石油井场常用电动钻机及控制部分的介绍等内容;四是编入了钻修井作业现场安全用电要求。

　　本书第一章至第十四章由梁建芬、李爱忠、张勇编写,第十五章由梁建芬、孙延罡、王桓、李慧编写,同时开发了与之配套的试题库,编写组人员做了大量工作。

　　在本书编写过程中,得到了中国石油渤海钻探工程有限公司的大力支持,在此表示感谢。

　　由于编者水平所限,书中难免有缺陷和错误,请大家及时批评指正,我们将进一步修订、完善。

目 录

第一章　电工基础知识 … (1)
第一节　电的基本概念 … (1)
第二节　电路的基本知识 … (2)
第三节　电磁感应 … (6)
第四节　单相交流电路 … (9)
第五节　三相交流电路 … (14)
第六节　晶体管与晶闸管 … (19)

第二章　触电危害与急救 … (25)
第一节　电流对人体的伤害 … (25)
第二节　人体触电的方式 … (26)
第三节　触电急救 … (28)

第三章　电气安全工作要求与措施 … (31)
第一节　安全生产管理 … (31)
第二节　电气安全工作基本要求 … (33)
第三节　保证安全的组织措施 … (35)
第四节　保证安全的技术措施 … (38)
第五节　电气安全用具 … (40)
第六节　安全标识 … (44)

第四章　防触电技术 … (46)
第一节　绝缘防护、屏护和安全距离 … (46)
第二节　IT系统、TT系统、TN系统防护及接地装置 … (52)
第三节　漏电保护装置 … (66)
第四节　安全电压和电气隔离 … (70)

第五章　电气防火防爆 … (74)
第一节　电气火灾与爆炸的原因 … (74)
第二节　危险物质、危险环境 … (75)
第三节　现场防爆设备设施 … (77)

第六章 防雷与防静电 (83)
   第一节 雷电的危害及防雷装置 (83)
   第二节 现场防雷设施 (85)
   第三节 静电的危害及防护措施 (87)
   第四节 现场防静电要求 (90)

第七章 低压配电装置 (93)
   第一节 保护电器 (93)
   第二节 开关电器 (95)
   第三节 低压配电屏 (99)

第八章 电气线路 (101)
   第一节 电气线路的种类及特点 (101)
   第二节 电气线路常见故障 (102)
   第三节 电气线路安全条件 (103)
   第四节 线路巡视检查 (106)

第九章 照明电路 (107)
   第一节 照明方式与种类 (107)
   第二节 照明接线 (107)
   第三节 照明设备的安装 (109)
   第四节 照明电路故障的检修 (111)

第十章 异步电动机 (113)
   第一节 异步电动机的构造与工作原理 (113)
   第二节 异步电动机的主要技术参数 (115)
   第三节 异步电动机的起动 (118)
   第四节 异步电动机的运行与维护 (119)
   第五节 异步电动机的常见故障与处理 (122)

第十一章 手持电动工具及移动式电气设备 (126)
   第一节 分类、结构及选用 (126)
   第二节 安全技术措施 (128)
   第三节 使用要求 (130)
   第四节 工具管理 (131)

第十二章 电容器及互感器 (133)
   第一节 电力电容器结构及安装 (133)

第二节　电容器安全运行 ………………………………………………… (134)
　　第三节　电压互感器 ……………………………………………………… (136)
　　第四节　电流互感器 ……………………………………………………… (137)
第十三章　**电工仪表及测量** ………………………………………………… (139)
　　第一节　电气测量的基本知识 …………………………………………… (139)
　　第二节　电流与电压的测量 ……………………………………………… (141)
　　第三节　钳形电流表 ……………………………………………………… (142)
　　第四节　万用表 …………………………………………………………… (143)
　　第五节　兆欧表 …………………………………………………………… (145)
　　第六节　电能的测量 ……………………………………………………… (146)
　　第七节　直流电桥 ………………………………………………………… (147)
第十四章　**钻井井场常用电动钻机及控制简介** …………………………… (149)
　　第一节　电动钻机特点及分类 …………………………………………… (149)
　　第二节　电动钻机驱动型式 ……………………………………………… (149)
　　第三节　主要设备及控制 ………………………………………………… (153)
　　第四节　控制系统 ………………………………………………………… (155)
第十五章　**钻修井作业现场安全用电管理** ………………………………… (158)
　　第一节　安全用电基本要求 ……………………………………………… (158)
　　第二节　临时用电作业许可管理 ………………………………………… (162)
　　第三节　钻井井场安全用电要求 ………………………………………… (163)
　　第四节　修井作业现场安全用电要求 …………………………………… (170)
参考文献 …………………………………………………………………………… (175)

第一章　电工基础知识

本章主要介绍电的基本概念、直流电路、单相交流电路、三相交流电路、电磁感应及晶体管与晶闸管等电工基础知识。通过电的基本概念及直流电路的学习能对电有初步的了解,通过单相、三相交流电的学习能进一步了解电的实际应用,学习晶体管及晶闸管技术,可以为分析钻井井场等电气自动控制原理打好基础。

第一节　电的基本概念

一、物质的结构

自然界的一切物质都是由原子组成的,而原子又是由原子核和核外电子组成,原子核带正电荷,电子带负电荷。当物体由于某种原因使得核外电子的数目增大或减少时,物质内部的正负电荷的数量不再相等,物体就会显示出带电性。

二、电流

电荷有规则的定向运动叫电流。在金属导体中,电流是自由电子在电场力作用下有规则的运动形成的。

电荷的多少即为电量。电流的大小定义为单位时间内通过导体截面的电量,用电流强度来衡量。电流强度(电流)用符号 I 表示。若在时间 T(秒)内,通过导体横截面的电量是 Q(库仑),则电流强度 I 就可以用下式表示,即 $I = Q/T$。

电流强度(电流)的单位是安培(A)、毫安(mA)、千安(kA)。它们的换算关系是:$1A = 10^3 mA$,$1kA = 10^3 A$。

电流不但有大小,而且有方向。习惯上规定以电荷运动的方向为电流的正方向。

三、电压

电压又称电位差,是衡量电场做功本领大小的物理量。电压用符号 U 表示。电压的单位是伏特(V)、毫伏(mV)、千伏(kV)。它们的换算关系是:$1V = 10^3 mV$,$1kV = 10^3 V$。

电压不但有大小,还有方向。对于负载来说,规定电流流进端为电压的正端,电流流出端为电压的负端。电压的方向由正指向负,即负载中电压的实际方向与电流方向一致。

四、电位

电位是一个相对量,如果在电路中任选一个参考点,令其为零,则电路中某一点的电位就等于该点到参考点之间的电压,电位差就是电压。电位的符号及单位与电压相同。

五、电动势

电动势是衡量电源将非电能转换成电能本领的物理量,定义为:在电源内部外力将单位正电荷从电源的负极移到电源正极所做的的功。电动势的方向规定为:在电源内部,由负极指向正极,即由低电位指向高电位。电动势用符号 E 表示,单位与电压的单位相同。

六、电阻

当电流通过导体时,由于自由电子在运动中不断与导体内的原子、电子相互碰撞,使其运动受到阻碍,这种导体对电流的阻碍作用称为电阻。用符号 R 表示,单位是欧姆(Ω)、千欧($k\Omega$)、兆欧($M\Omega$)。它们的换算关系为:$1k\Omega = 1000\Omega$,$1M\Omega = 1000k\Omega$。

导体的电阻是客观存在的,它不随导体两端电压的大小而变化。即使没有电压,导体仍然有电阻。

导体的电阻还与温度有关,通常情况下,金属的电阻都是随温度的升高而增大。温度一定时,导体的电阻与导体的长度成正比,与导体的截面积成反比,还与导体的材料有关。用公式表示为:

$$R = \rho L/S$$

式中　　R——电阻,Ω;
　　　　S——截面积,m^2;
　　　　L——长度,m;
　　　　ρ——电阻率,$m \cdot \Omega$。

第二节　电路的基本知识

一、组成及分类

(一) 电路的组成及电路元件的作用

电路就是电流所流经的路径,它由电路元件组成。电路元件大体可分为四类:电源、负载、控制电器、导线。

电路的作用是分配、传输和使用电能。图1-1就是一个最简单的电路。

为便于分析、研究电路,通常将电路的实际元件用图形符号表示在电路图中,称为电路原理图,也叫电路图。图1-2就是图1-1的原理电路图。

电路通常有三种状态:通路、开路、短路。

(二) 电路的分类

根据通过电路的电流的不同,电路可分为直流电路和交流电路。

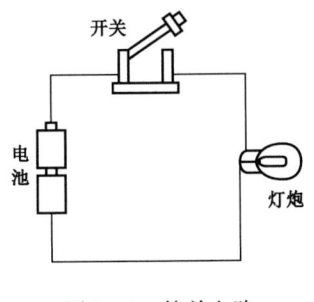

图 1-1 简单电路

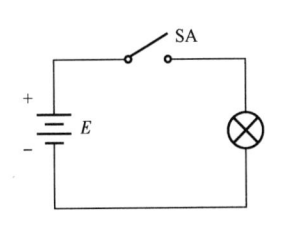

图 1-2 电路原理图

二、电路的欧姆定律

电流、电压和电阻是电路中的三个基本物理量,欧姆定律反映了电路中电阻元件两端的电压与通过该元件的电流和电阻三者之间的关系。如图 1-3 所示。

其数学表达式为:

$$I = U/R$$

式中　I——电流,A;
　　　U——电压,V;
　　　R——电阻,Ω。

三、电路的功率与电能

(一)电功率

电功率就是单位时间内电场力所做的功。电功率用符号 P 表示,单位是瓦特(W)、千瓦(kW)。它们的换算关系为:1kW = 1000W。

图 1-4 电路中 R 为一个电阻,它两端的电压是 U,通过的电流是 I,单位时间内电场力在电阻上做的功应为:

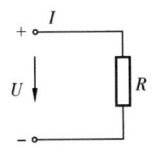

图 1-3 简单电路原理图

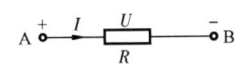

图 1-4 电阻电路

$$P = UI = I^2R = U^2/R$$

式中　P——电功率,W;
　　　U——电压,V;
　　　I——电流,A;
　　　R——电阻,Ω。

(二) 电能

功率只表示设备工作能力的大小,它们所完成的工作量,不仅取决于其功率的大小,还与它们工作的时间长短有关,电能就是用来表示电场在一段时间内所做的功。

即

$$W = Pt = UIt$$

式中　P——功率,kW;

　　　t——时间,h;

　　　W——电能,kW·h。

实际上 1kW·h 就是平常所说的 1 度电。

(三) 焦耳—楞次定律

电流通过电阻时使电阻发热的现象叫电流的热效应,即电能转化为热能的效应。焦耳—楞次定律描述的就是电阻通过电流后产生的热量与电流、电阻及通电时间的关系。

数学表达式为:

$$Q = I^2 Rt$$

式中　Q——电阻产生的热量,J;

　　　t——时间,s。

四、电阻的串联电路

在电路中,串联电路是最简单的连接方式,即将电阻依次首尾相连,使各电阻通过同一个电流。图 1-5 为三个电阻的串联电路。

串联电路的总电压等于各电阻上电压降之和。

由欧姆定律可知:

$$U_1 = IR_1; U_2 = IR_2; U_3 = IR_3$$

所以总电压为:

$$IR_1 + IR_2 + IR_3 = I(R_1 + R_2 + R_3) = IR$$

$$R = R_1 + R_2 + R_3$$

R 为串联电路的总电阻,R 通常叫做等效电阻。三个电阻的串联电路用图 1-6 所示的等效电路来表示。

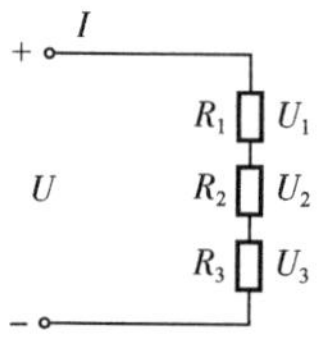

图 1-5　电阻串联电路 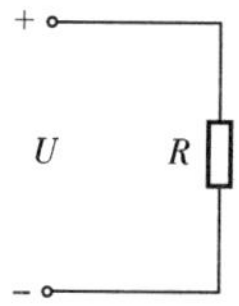　　　　　图 1-6　等效电路

串联电路的特点:
(1)串联电路各处电流相等:$I = I_1 = I_2 = I_3 = \cdots = I_n$。
(2)串联电路两端总电压等于各电阻两端电压之和:$U = U_1 + U_2 + U_3 + \cdots + U_n$。
(3)串联电路的总电阻(即等效电阻)等于各串联电阻之和:$R = R_1 + R_2 + R_3 + \cdots + R_n$。
(4)在串联电路中,各电阻上的电压与电阻的大小成正比。
(5)串联电路中,各电阻消耗的功率与电阻的大小成正比。
由以上电阻串联的特点,可知电阻串联在实际工作中常用于分压和限流。

五、电阻的并联电路

把几个电阻的一端连接在一个节点上,另一端连接在另一个节点上,这种连接方式叫做电阻的并联。图1-7即为三个电阻的并联电路。

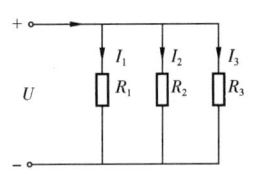

图1-7 电阻并联电路

并联电路的特点:
(1)电路中各电阻两端电压相等,且等于电路两端的电压。

$$U_1 = U_2 = U_3 = \cdots = U_n$$

(2)并联电路的总电流为各电阻支路电流之和。

$$I = I_1 + I_2 + I_3 + \cdots + I_n$$

(3)并联电路总电阻(等效电阻)的倒数为各电阻的倒数之和。

根据并联电路的特点可知,在并联电路中,电流的分配与电阻大小成反比,即阻值越大的电阻所分配到的电流越小;反之电流越大。

六、电阻的混联电路

电阻的串联与并联是电路最基本的连接形式。在一些电路中,既有电阻的串联,又有电阻的并联,这种电路就叫做电阻的混联。

分析计算混联电路的方法:
(1)应用电阻的串联、并联特点,逐步简化电路,求出电路的等效电阻。
(2)由等效电阻和电路的总电压,根据欧姆定律求出电路的总电流。
(3)由总电流根据欧姆定律和电阻串并联的特点求出各支路的电压和电流。

七、基尔霍夫定律

掌握欧姆定律和电阻的串并联的特点及其计算公式只能对简单直流电路进行具体分析,但是在实际中遇到的很多是复杂电路,这样还必须掌握基尔霍夫定律。

(一)基尔霍夫第一定律(又称节点电流定律)

对于电路中的任一节点,流入节点的电流之和必等于流出该节点的电流之和。

(二)基尔霍夫第二定律(又称回路电压定律)

对任一回路,沿任一方向绕行一周,各电源电动势的代数和等于各电阻上电压降的代数和。

第三节 电磁感应

当导体相对于磁场运动而切割磁力线,或线圈中的磁通发生变化时,在导体或线圈中都会产生电动势;若导体或线圈是闭合电路的一部分,则导体或线圈中将产生电流。由电磁感应引起的电动势叫做感生电动势;由感生电动势引起的电流叫感生电流。

一、直导体中产生的感生电动势

通过实验我们可知直导体在切割磁力线的过程中产生的感生电动势与磁场的强度、导体的长度和金属导体切割磁力线的速度有关。

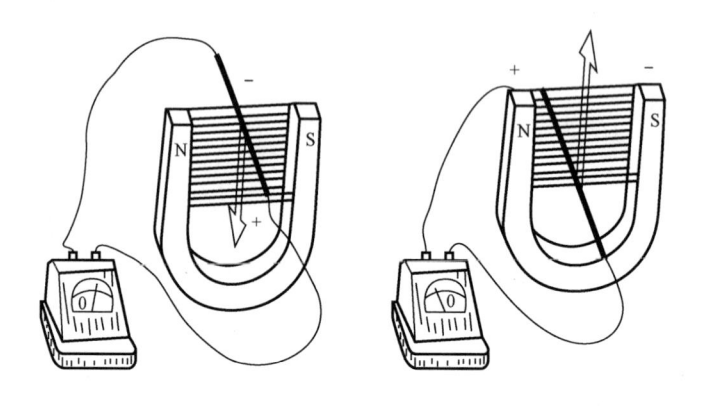

图1-8 导电回路切割磁力线时产生感生电动势和感生电流

产生的感生电动势的大小为:

$$e = Blv\sin\alpha$$

式中 e——感生电动势,V;
　　　B——磁通密度,T;
　　　l——导体长度,m;
　　　v——金属切割磁力线的速度,m/s;
　　　α——导体运动方向与磁力线夹角,(°)。

当导体垂直切割磁力线感生电动势达到最大值 $E_m = Blv$。

直导体中产生的感生电动势方向可用右手定则来判断。平伸右手,拇指与其余四指垂直,让掌心正对磁场N极,以拇指指向表示导体的运动方向,则其余四指的指向就是感生电动势的方向。

二、闭合线圈中产生的感生电动势

(一)楞次定律

通过图1-9、图1-10等大量实验可得出以下两个重要结论,即楞次定律。

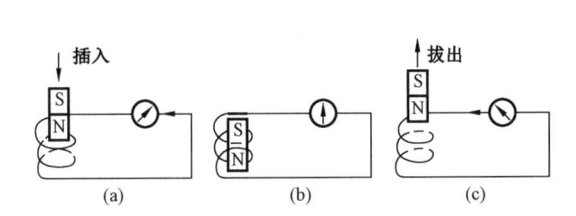

图1-9 条形磁铁在线圈中运动而引起感生电流

图1-10 线圈面积变化而引起感生电流

楞次定律内容:

第一,导体中产生感生电动势和感生电流的条件是:导体相对于磁场作切割磁力线运动或线圈中的磁通发生变化时,导体或线圈中就产生感生电动势;若导体或线圈是闭合电路的一部分,就会产生感生电流。

第二,感生电流产生的磁场总是阻碍原磁通的变化。也就是说,当线圈中的磁通要增加时,感生电流就要产生一个磁场去阻碍它增加;当线圈中的磁通要减少时,感生电流所产生的磁场将阻碍它减少。这个规律称为楞次定律。

判断电动势和感生电流方向的方法:

(1)判定原磁通的方向及其变化趋势。

(2)根据楞次定律确定感生电流磁场。

(3)根据右手定则确定感生电动势和电流方向。

(二)法拉第电磁感应定律

线圈中感生电动势的大小与线圈中磁通的变化速度(即变化率)成正比。这个规律,就叫做法拉第电磁感应定律。

一个单匝线圈产生的感生电动势为:

$$e = -\frac{\Delta \varphi}{\Delta t}$$

对于 N 匝线圈,其感生电动势为:

$$e = -N\frac{\Delta \varphi}{\Delta t} = -\frac{\Delta \Phi}{\Delta t}$$

式中　　e——在 Δt 时间内感生电动势的平均值，V；

　　　　$\Delta \varphi$——表示在时间间隔 Δt 内一个单匝线圈中的磁通变化量；

　　　　N——线圈的匝数；

　　　　$\Delta \Phi$——N 匝线圈的磁通变化量，Wb；

　　　　Δt——磁通变化 $\Delta \Phi$ 所需要的时间，s。

上式是法拉第电磁感应定律的数学表达式。式中负号表示了感生电动势的方向永远和磁通变化的趋势相反。

三、自感

图 1-11 为自感实验电路。

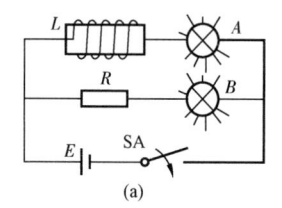

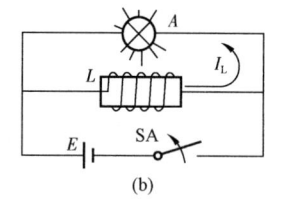

图 1-11　自感实验电路

由于流过线圈本身的电流发生变化，而引起的电磁感应叫自感现象，简称自感。由自感产生的感生电动势称自感电动势，用 e_L 表示。自感电流用 i_L 表示。

线圈中每通过单位电流所产生的自感磁通数称做自感系数，也称电感量，简称电感，用 L 表示。其数学式为

$$L = \frac{\Phi}{i}$$

式中　　Φ——流过线圈的电流 i 所产生的自感磁通，Wb；

　　　　i——流过线圈的电流，A；

　　　　l——电感，H。

电感是衡量线圈产生自感磁通本领大小的物理量。如果一个线圈中通过 1A 电流，能产生 1Wb 的自感磁通，则该线圈的电感就叫 1 亨利，简称亨，用字母 H 表示。在实际工作中，特别是在电子技术中，有时用亨利做单位太大，常采用较小的单位。它们与亨的换算关系是

$$1 \text{亨}(H) = 10^3 \text{毫亨}(mH)$$

$$1 \text{毫亨}(mH) = 10^3 \text{微亨}(\mu H)$$

结论：

(1) 自感电动势是通过线圈本身的电流发生变化而产生的。

(2) 对于线性电感，当电感 L 一定时，流过线圈的电流变化越快，自感电动势 e_L 越大。

(3) 自感电动势的方向是：流过线圈的外电流 i 增大时，感生电流 i_L 方向与 i 相反；外电流 i 减小时，感生电流 i_L 与 i 的方向相反。

四、互感

如图1-12所示进行实验。

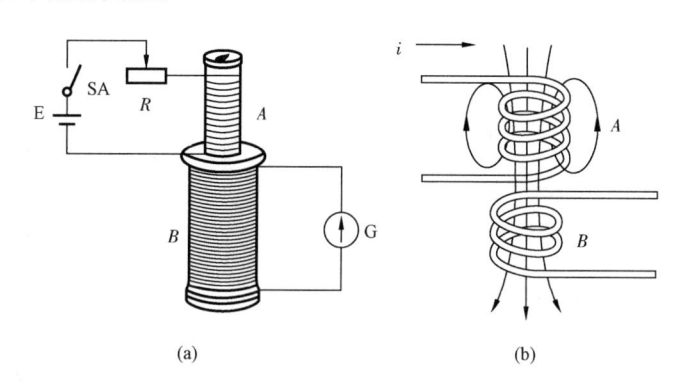

图1-12 互感实验
A—原线圈；B—副线圈

通过实验证明：原线圈A中的电流所产生的磁场穿过了副线圈B[图1-12(b)]，当A中的电流发生变化时，穿过B的磁通也跟随变化。这个变化的磁通就在B中引起了感生电动势使检流计指针发生偏转。

我们把由一个线圈中的电流发生变化在另一线圈中产生的电磁感应称为互感现象，简称互感。由互感产生的感生电动势称为互感电动势。

互感电动势的大小正比于穿过本线圈磁通的变化率，或正比于另一线圈中电流的变化率。当第一个线圈的磁通全部穿过第二个线圈时，互感电动势最大；当两个线圈互相垂直时，互感电动势最小。

第四节　单相交流电路

一、交流电的概念

所谓交流电是指大小和方向都随时间做周期性变化的电动势（电压或电流）。

交流电可分为正弦交流电和非正弦交流电两大类，其中非正弦交流电波形包括矩形波（方波）和三角波等。

交流电应用广泛，在现代工农业生产中，几乎所有电能都是以交流形式产生出来的。主要原因：

(1) 交流电机比直流电机结构简单、成本低、工作可靠；

(2) 更重要的是可用变压器来改变交流电的大小，便于远距离输电和提供各种不同等级的电压。

二、正弦交流电动势的产生

正弦电动势通常是由交流发电机产生，如图1-13(a)和(b)所示的是交流发电机的示意图。在静止不动的磁极间装有能转动的圆柱形铁芯，铁芯上紧绕着线圈 $aa'b'b$。当线圈在磁场中沿逆时针方向作旋转时，线圈中就产生感生电动势。

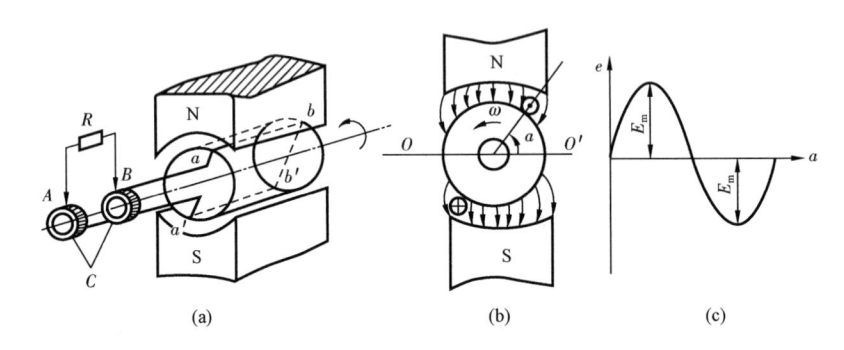

图1-13 交流发电机的示意图及电压波形图

线圈中的感生电动势为：

$$e = Bv_1 = B_m v_1 \sin\alpha$$

若切割磁力线的线圈有 N 匝，则线圈中的感生电动势为：

$$e = NB_m v_1 \sin\alpha = E_m \sin\alpha$$

式中 $E_m = NB_m v_1$。

由上式看出，线圈中的感生电动势是按正弦规律变化的交流电。

三、正弦交流电的基本参数

(一)瞬时值

任意时刻正弦交流电的数值称为瞬时值，分别用字母 e、u 和 i 表示。

(二)最大值

最大的瞬时值称为最大值(或峰值、振幅)。正弦交流电动势、电压和电流的最大值分别用字母 E_m、U_m 和 I_m 表示。

(三)周期、频率和角频率

1. 周期

交流电每重复一次所需的时间称为周期，用字母 T 表示，单位是秒(s)。

2. 频率

交流电一秒钟(1s)内重复的次数称为频率，用字母 f 表示。其单位是赫兹(Hz)，简称赫。

3. 角频率

交流电在 1s 内变化的电角度。

(四)初相角

起始时,线圈平面与中性面的夹角。

(五)正弦交流电的相位差

两个同频率正弦交流电的相位之差。

如果一个正弦交流电比另一个正弦交流电提前达到零值或最大值,则前者叫超前,后者叫滞后。若两个正弦交流电同时达到零值或最大值,即两者的初相角相等,则称它们同相位,简称同相。

(六)正弦交流电的有效值

如图 1-14 所示,让交流电和直流电分别通过阻值完全相同的电阻,如果在相同的时间中这两种电流产生的热量相等,我们就把此直流电的数值定义为该交流电的有效值。换句话说,把热效应相等的直流电流(或电压、电动势)定义为交流电流(或电压、电动势)的有效值。交流电流、电压和电动势有效值的符号分别是 I、U 和 E。

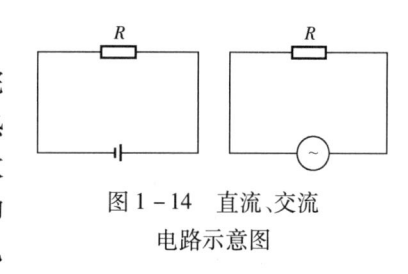

图 1-14 直流、交流电路示意图

通过计算,正弦交流电的有效值和最大值之间有如下关系:

$$I = \frac{I_m}{\sqrt{2}} \approx 0.707 I_m$$

$$U = \frac{U_m}{\sqrt{2}} \approx 0.707 U_m$$

$$E = \frac{E_m}{\sqrt{2}} \approx 0.707 E_m$$

四、交流电路的分析方法

因为交流电压、电流的大小和方向随时间变化,并且存在相位关系,以及交流电路中的元件参数有电阻、电感和电容,而且三种元件上的电压、电流的关系是不相同的。

在直流电路中,由于只有电阻元件,因此,电源只供给电阻功率。而在交流电路中,除电阻外、还有电感和电容元件,电阻是消耗电能的元件,而电感和电容则只存储电能,不消耗电能。所以交流电路中,还要讨论它们之间的能量交换关系。

(一)纯电阻正弦交流电路

纯电阻正弦交流电路中,电压与电流同相位。

电压、电流有效值的关系为:

$$I = \frac{U}{R}$$

有功功率(平均功率)为:

$$P = UI = I^2R = \frac{U^2}{R}$$

(二)纯电感正弦电路

纯电感正弦交流电路中,电压的相位超前电流90°。

电压、电流有效值的关系为:
$$I = \frac{U}{X_L}$$

其中感抗表达式为:
$$X_L = 2\pi fL$$

式中　X_L——感抗,Ω;
　　　L——电(自)感,H;
　　　f——交流电频率,Hz。

有功功率为0,无功功率为:$Q_L = U_L I = I^2 X_L$　单位为乏(var)或千乏(kvar)。

(三)纯电容正弦电路

纯电感正弦交流电路中,电压的相位滞后电流90°。

电压、电流有效值的关系为:
$$I = \frac{U}{X_C}$$

其中容抗表达式为:
$$X_C = \frac{1}{2\pi fC}$$

式中　X_C——容抗,Ω。

容抗与电容量及电源频率成反比,说明电容C越大,电容器容纳的电荷越多,充放电电流就越大,故表现为容抗越小。电源频率越高、电压变化速度越快,在一定时间内充放电次数增加,即电路电流越大,故表现为容抗越小。

电容电路只发生能量交换,没有能量的消耗。为了衡量能量交换的大小,用电容的无功功率Q_C表示,无功功率为能量交换过程中瞬时功率的最大值,即

$$Q_C = UI = I^2 X_C = \frac{U^2}{X_C}$$

在电工技术中,无功功率Q_C常以乏(var)为单位。

(四) 电阻、电感、电容的串联电路

1. 电压与电流的关系

图 1-15 为 R、L、C 的串联电路,由于串联电路中,各元件通过的电流是相同的,所以,为了分析方便,以电流为参考正弦量。

设

$$i = I_m \sin\omega t$$

由三种元件的电压、电流关系可知,电阻上产生一个与电流同相的电压降,即

$$u_R = R I_m \sin\omega t$$

电感电压超前电流 90°,即有

$$u_L = X_L I_m \sin\left(\omega t + \frac{\pi}{2}\right)$$

电容电压滞后电流 90°,即有

$$u_C = X_L I_m \sin\left(\omega t - \frac{\pi}{2}\right)$$

2. 电路的功率及功率因数

在 R、L、C 串联电路中,电压与电流瞬时值的乘积称为电路的瞬时功率,即

$$p = ui$$

电路的有功功率是电阻上消耗的功率,即

$$P = U_R I = I^2 R = UI\cos\phi$$

式中　　$U_R = U\cos\phi$

电路的无功功率是电源与电路负载间能量交换的功率,即

$$Q = Q_L - Q_C = U_L I - U_C I = (U_L - U_C)I = U_X I$$

因为　　$I^2 X = U_X I = UI\sin\phi$

所以　　$Q = UI\sin\phi$

Q 是电路中感性无功功率与容性无功功率互相补偿后所剩余的部分。

在交流电路中,一般情况下,电压乘以电流并不等于电路的平均功率。所以将电压有效值与电流有效值的乘积,称为电路的视在功率,单位为伏安(V·A)或千伏安(kV·A),用 S 表示,即

$$S = UI$$

将上式代入 $P = UI\cos\phi$ 中得:

$$P = S\cos\phi$$

由此可见,有功功率为视在功率 S 乘以 $\cos\phi$。$\cos\phi$ 是表示设备发挥能力的一个系数,故称之为功率因数,即

$$\cos\phi = \frac{P}{S}$$

由无功功率 $Q = U_X I = UI\sin\phi$ 得

$$Q = S\sin\phi$$

(五)并联电路与功率因数的提高

电力系统的大多数负荷是感应电动机,它的功率因数较低。为了提高电力系统的功率因数,常在负荷端并联电容器。

1. 并联电路

图 1-16 为电阻与电感串联后再与电容并联的电路。

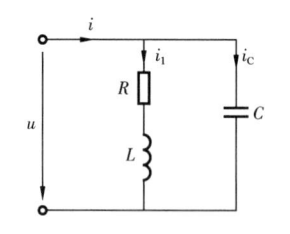

图 1-16 电阻与电感串联后再与电容并联的电路

2. 功率因数的提高

在正常运行时,功率因数 $\cos\phi$ 一般在 0.7~0.85 之间。但电动机在空载时功率因数只有 0.2~0.3。轻载时,功率因数也不高。电动机在这两种状态下工作时,输电线路上将产生较大的电压降和功率损失,从而降低了输出功率的利用率。因此,实际工作中应设法提高功率因数。

提高功率因数的方法,首先应合理选择和使用电气设备。如感应式电动机的功率因数随所带的机械负载的大小而变,所以应该满载运行,避免空载运行。另外,并联电容器会使电路总无功功率减小,因而可提高电路的功率因数。

第五节 三相交流电路

一、三相交流电动势

三相交流电是由三相交流发电机产生的。

所谓三相系统就是由三个频率和有效值都相同,而相位互差 120°的正弦交流电组成的供电体系。

对称三相交流电动势的瞬时值为

$$e_u = E_m \sin\omega t$$

$$e_v = E_m \sin(\omega t - 120°)$$

$$e_w = E_m \sin(\omega t - 240°) = E_m \sin(\omega t + 120°)$$

三相电动势达到最大值的先后次序叫做相序,以上三相电势的相序为 u—v—w,称为正序。如任意两相对调后则称负序,如 w—v—u。在发电厂中,三相母线的相序是用颜色表示的,规定用黄色表示 L_1 相,绿色表示 L_2 相、红色表示 L_3 相。图 1-17 为三相交流电的波形图。

二、三相电源的接法

作为三相电源的发电机或三相变压器都有三个绕组,在向负载供电时,三相绕组通常是接成星形或三角形,如图 1-18 所示。

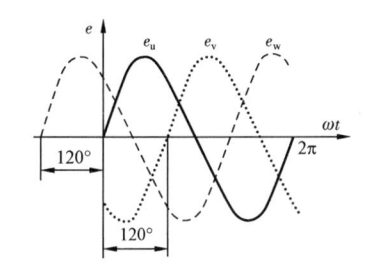

图 1-17 三相交流电的波形图

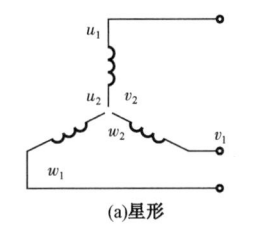

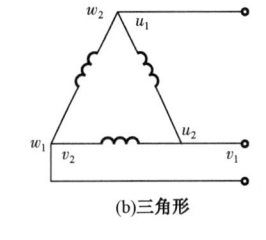

图 1-18 三相电源的接法

(一) 电源的星形连接

将电源的三相绕组的末端 U_2、V_2、W_2 连成一节点,而始端 U_1、V_1、W_1 分别用导线引出接负载,这种连接方式叫做星形连接,或称 Y 连接,如图 1-19 所示。

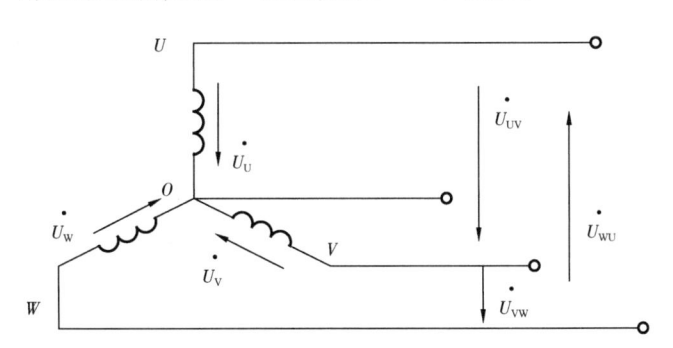

图 1-19 电源的星形连接

三相绕组末端所联成的公共点叫做电源的中性点,简称中点,在电路中用 O 表示,一般情况应将中性点接地。从中性点引出一根导线,叫做中性线,该线既是保护零线,又是工作零线。

从绕组始端 U_1、V_1、W_1 引出的三根导线称为端线,通常也叫火线。

由三根火线和一根零线所组成的供电方式叫做三相四线制,常用于低压配电系统。

在星形连接的电源中可以获得两种电压,即相电压和线电压。

相电压为每相绕组两端的电压,即火线与零线之间的电压。可用 $U_相$ 表示。

线电压为线路上任意两火线之间的电压。图 1-19 中的 $\overline{U}_{UV}$、$\overline{U}_{VW}$、$\overline{U}_{WU}$ 向量分别表示 UV、VW、WU 间的线电压。线电压的有效值可用 $U_线$ 表示。

$$U_{UV} = 2U_U\cos 30° = \sqrt{3}U_U$$

U_{UV} 相位超前 U_U 为 30°。同理可得

$$U_{VW} = \sqrt{3}U_V$$

$$U_{WU} = \sqrt{3}U_W$$

用一般公式表示为

$$U_{线} = \sqrt{3}U_{相}$$

因此,对称的三相电源星形连接时,线电压是相电压的 $\sqrt{3}$ 倍,并且线电压相位超前相电压 30°。

(二)电源的三角形连接

将三相电源的绕组,依次首尾相连构成闭合回路,再自首端 U_1、V_1、W_1 引出导线接负载,这种连接方式做三角形连接,或称为△连接,如图 1-20 所示。

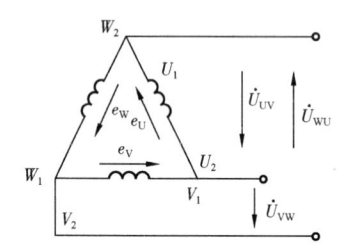

电源为三角形连接时,线电压等于相电压,即

$$U_{线} = U_{相}$$

注意:当一相绕组接反时,回路电势不再为零。由于发电机绕组的阻抗很小,会产生很大的环流,可能烧毁发电机。

图 1-20 电源的三角形连接

三、三相负载的连接

按其对电源的要求,可分为单相负载和三相负载。

在三相负载中,如各相负载的电阻和电抗部分都相同,则称为三相对称负载。即三相负载的阻抗相等,阻抗角相同。

$$Z_U = Z_V = Z_W$$

$$\Phi_U = \Phi_V = \Phi_W$$

(一)三相负载的星形连接

三相负载的星形连接,即将三相负载的末端连成节点,也叫中点,用"O"表示;负载的首端分别接到三相电源上。如将电源的中点与负载的中点用导线连接起来,就是三相四线制系统,如图 1-21 所示,一般照明用的电灯,实际上是属于这种连接方式,如图 1-22 所示。

在三相四线制中,常见的负载是三相电动机,它的三相绕组是绕在铁芯上的三组相同的线圈 $U_1—U_2$、$V_1—V_2$、$W_1—W_2$。每组绕组的首末端,都连到接线盒的接线端子 U_1、V_1、W_1 和 U_2、V_2、W_2 上,即把 U_2、V_2、W_2 连在一起,同时将 U_1、V_1、W_1 与电源三根火线相接,这就是电动机的星形连接。

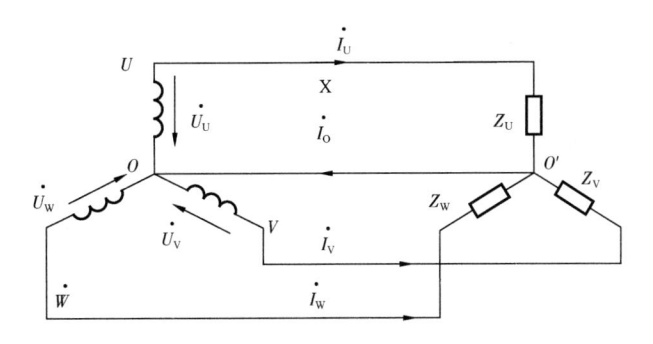

图 1-21 三相四线制电路

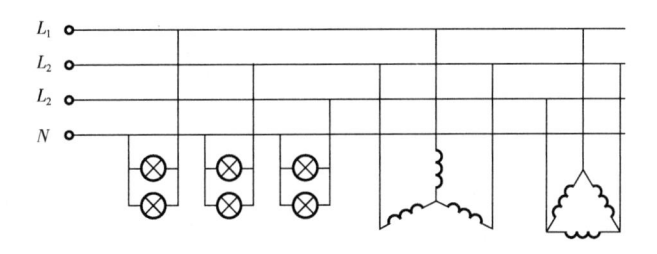

图 1-22 单相、三相负载的连接

每相负载中流过的电流,叫做相电流,用 $I_{相}$ 表示。每相电流的有效值为:

$$I_U = \frac{U_U}{Z_U} \qquad I_V = \frac{U_V}{Z_V} \qquad I_W = \frac{U_W}{Z_W}$$

在线路上通过的电流叫做线电流,用 $I_线$ 表示。由图 1-21 电路可看出,星形连接的电路,线电流与相电流相等,即

$$i_线 = i_相$$

在三相四线电路中,由基尔霍夫定律可知,中线电流等于三相电流之和。在三相对称情况下,三相电流的向量和等于零,即中线电流为零,既然中线上没有电流通过,故可以把中线去掉,这时电路就成为三相三线系统,如图 1-23 所示。

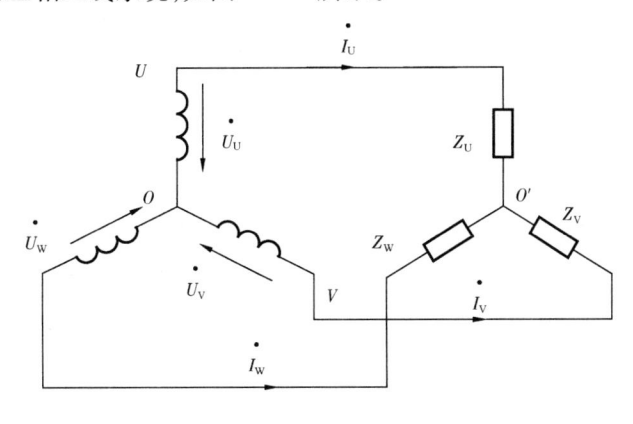

图 1-23 三相三线制电路

(二) 三相负载的三角形连接

三相负载依次首尾相连,构成一闭合回路,再把三个连接点与电源三根火线相接,就构成负载的三角形连接,如图 1-24 所示。

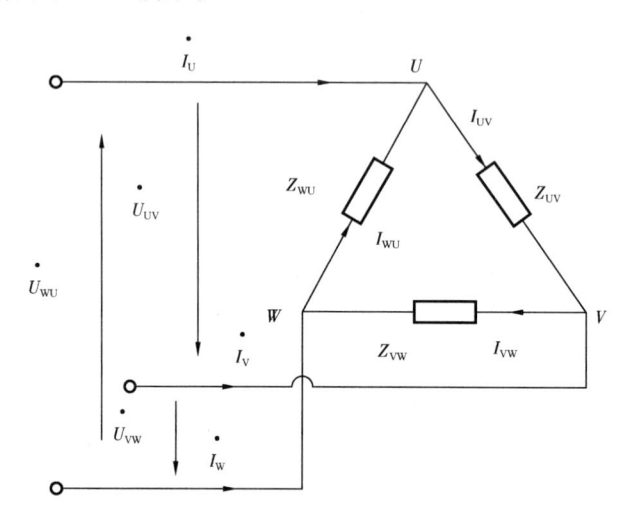

图 1-24 负载的三角形连接

在负载的三角形连接中,各相负载的两端直接跨接在电源的线电压上,所以三角形连接的负载,其相电压等于线电压,即

$$U_{相} = U_{线}$$

当三相负载对称时,三相电流也是对称的,只要计算其中一相电流,即可得出其他两相电流。即

$$I_{UV} = I_{VW} = I_{WU} = I_{相} = \frac{U_{相}}{Z_{UV}} = \frac{U_{线}}{Z_{UV}}$$

因为相电流是对称的,所以三相的线电流也是对称的,三角形连接时,各线电流与相电流关系为

$$I_{线} = \sqrt{3} I_{相}$$

即线电流是相电流的 $\sqrt{3}$ 倍,而且线电流相位滞后相电流 30°。

四、三相电路的功率

在三相电路中同样有有功功率、无功功率和视在功率。

在三相电路中,三相电源发出的或三相负载消耗的总有功功率等于各相电源或负载的有功功率之和,即

$$P = P_U + P_V + P_W$$

$$P = U_U I_U \cos\Phi_U + U_V I_V \cos\Phi_V + U_W I_W \cos\Phi_W$$

在三相对称情况下,各相的有功功率相等。

$$U_U = U_V = U_W = U_相$$

$$I_U = I_V = I_W = I_相$$

$$\Phi_U = \Phi_V = \Phi_W = \Phi_相$$

所以三相电路的总有功功率可简化为

$$P = 3U_相 I_相 \cos\Phi_相$$

可见,三相有功功率为一相有功功率的3倍。因为对称负载星形连接时,电流、电压的关系为

$$I_相 = I_线 \qquad U_相 = \frac{U_线}{\sqrt{3}}$$

当负载作三角形连接时,

$$I_相 = \frac{I_线}{\sqrt{3}} \qquad U_相 = U_线$$

因此,对称三相电路的有功功率还可用线电压和线电流表示为

$$P = \sqrt{3}U_线 I_线 \cos\Phi_相$$

无功功率为

$$Q = 3U_相 I_相 \sin\Phi_相$$

注意:功率因数角是指相电压与相电流之间的相位差,而不是线电压与线电流间的相位差。

第六节　晶体管与晶闸管

一、晶体二极管

特性:单相导电性。
应用:常用于整流检波,在电子线路中应用广泛。

(一)晶体二极管的结构和分类

二极管其外形和符号如图1-25所示。
二极管符号中的箭头表示正向电流方向。下端叫正极(也叫阳极),上端叫负极(也叫阴极)。在使用时,正极应接电源正极,负极应接电源负极。

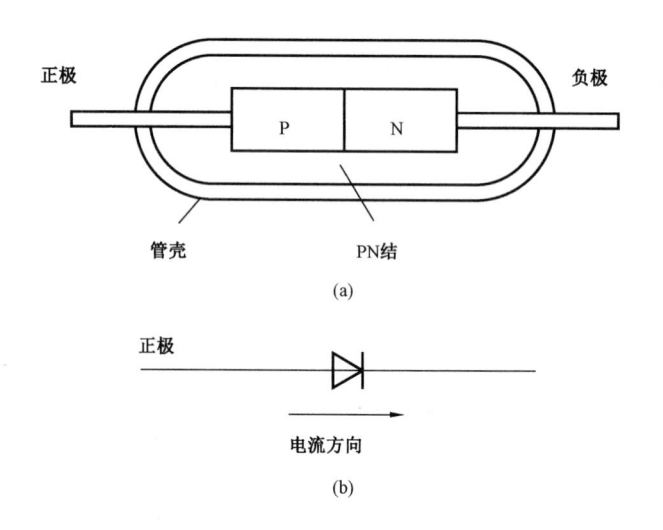

图 1-25 二极管结构与符号

晶体二极管型号的含义见表 1-1。

表 1-1 晶体二极管型号的含义

第一部分(数字)	第二部分(拼音)	第三部分(拼音)	第四部分
电极数 2—二极	材料与极性 A—N 型锗 B—P 型锗 C—N 型硅 D—P 型硅	晶体管类型 P—普通管 W—稳压管 Z—整流管 L—整流堆 S—隧道管 N—阻尼管 U—光电管 K—开关管	晶体管型号 表示某些性能与参数上的差别

(二)晶体二极管的伏安特性与参数

1. 正向特性

在二极管两端加上正向电压时,电流与电压的关系叫正向特性。当所加电压较小时,正向电流很小,二极管呈现较大的电阻,当管子两端电压超过一定值以后,电流随着电压增加得很快。

2. 反向特性

加上反向电压时,电流与电压的关系叫反向特性。反向漏电流基本上不随电压变化而变化。

3. 反向击穿电压

当反向电压高于某值时,反向电流突然增大,这个电压叫反向击穿电压。

二、晶体三极管

(一)晶体三极管的结构和工作原理

晶体三极管有三个极:基极、发射极和集电极。
晶体三极管可作为放大与振荡元件。

(二)晶体三极管的主要参数

共发射极电流放大系数、集电极反向电流、穿透电流、集电极最大允许电流、集电极最大允许耗散功率、反向击穿电压。

(三)晶体三级管的型号

国产晶体三极管的型号通常由四部分组成,见表1-2。

表1-2 晶体三极管型号的含义

第一部分(数字)		第二部分(拼音)		第三部分(拼音)		第四部分	
电极数目		材料和极性		晶体管类型		晶体管序号	
符号	意义	符号	意义	符号	意义	符号	意义
3	三级管	A B C D	PNP 型锗 NPN 型锗 PNP 型硅 NPN 型硅	X G D A T K CS FH β	低频小功率管 高频小功率管 低频大功率管 高频大功率管 可控整流器 开关管 场效应管 复合管 雪崩管	1、2、 3、4、 ……	表示某些性能与参数上的差别

(四)三极管的三种基本接法

晶体管根据输入、输出信号公共点的不同,可分为共发射极、共集电极、共基极三种接法,其电路图如图1-26所示,其中共发射极电路应用最为广泛。

1. 共发射极电路

输入阻抗较小,输出阻抗较大,电压、电流和功率放大倍数以及稳定性与频率特性较差。常用在放大电路和开关电路中。

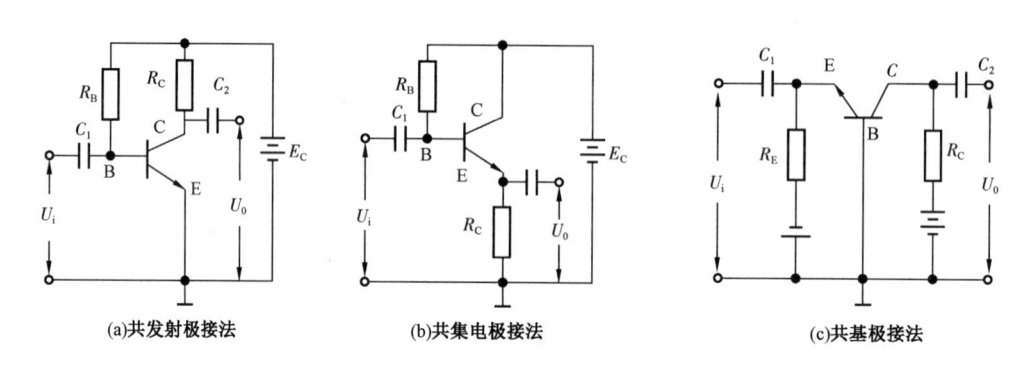

(a)共发射极接法　　　　(b)共集电极接法　　　　(c)共基极接法

图1-26　NPN晶体三极管三种基本接线方式

2. 共集电极电路

输入阻抗大,输出阻抗小,电流放大倍数大,电压放大倍数小于1,稳定性与频率特性较好,带负载能力强。

3. 共基极电路

输入阻抗小,输出阻抗大,电流放大倍数小于1,电压放大倍数较大,稳定性与频率特性较好,但需要两个独立的电源,常用在高频放大和振荡电路中。

三、晶体管整流电路

整流电路就是利用整流二极管的单向导电性将交流电变成直流电的电路。

(一)单相半波整流电路

整流输出直流电压值是输入端交流电压有效值的0.45倍。单相半波整流电路如图1-27和图1-28所示。

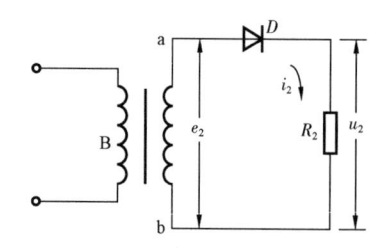

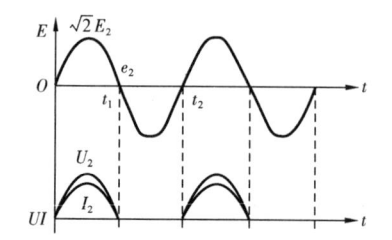

图1-27　单相半波整流电路　　　　图1-28　半波整流电路电压、电流波形图

(二)单相桥式整流电路

整流输出直流电压值是输入端交流电压有效值的0.9倍。单相桥式整流电路如图1-29和图1-30所示。

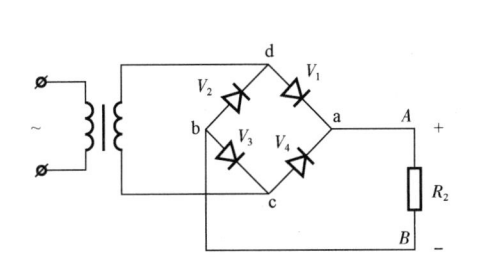

图1-29 单相桥式整流电路

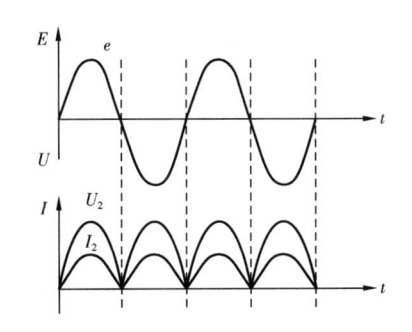

图1-30 单相桥式整流电路电压、电流波形图

四、晶闸管基础知识及其应用

晶闸管原称可控硅,是一种大功率的半导体器件。

(一)特点

效率高、控制特性好、反应快、寿命长、体积小、重量轻、可靠性高和维护方便。

(二)应用

可控整流、调压、无触点开关和逆变等方面。

(三)结构

由四层半导体次叠而成,有三个PN结,外部引出三个极即阳极、阴极和控制极。晶闸管的结构、外形与符号如图1-31所示。

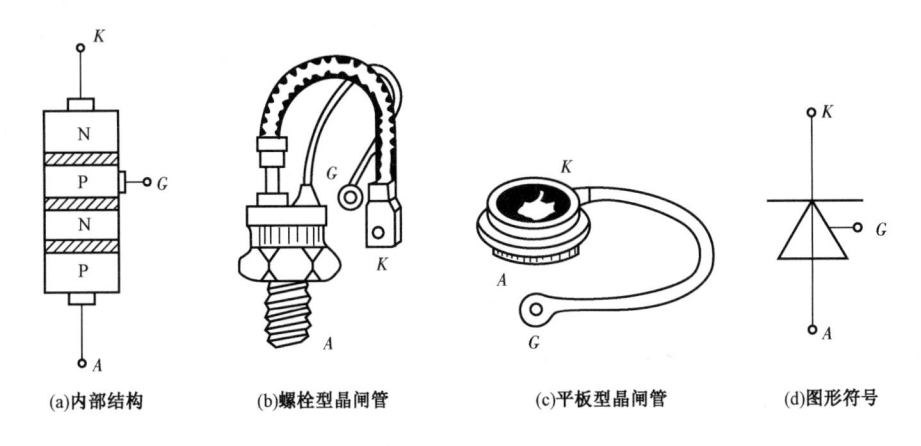

(a)内部结构　(b)螺栓型晶闸管　(c)平板型晶闸管　(d)图形符号

图1-31 晶闸管的结构、外形与符号

(四)工作原理

如图1-32所示,进行晶闸管的导通试验。

(1) 开关 K 未合上时,灯不亮,晶闸管未导通。
(2) 合上 K,灯亮,这时晶闸管上约有 1V 的电压降。
(3) 导通后即使打开 K,灯仍亮,晶闸管一经触发导通后,可自己维护导通状态。
(4) 如果降低电源电压,灯泡逐渐变暗,当电流减小到某一定值(称为最小维持电流)以下时,晶闸管关断,灯泡突然熄灭。

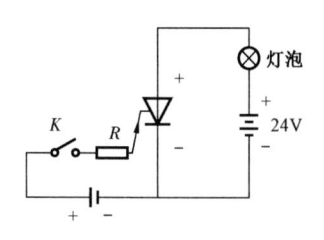

图 1-32 晶闸管导通试验

由此可知,要使晶闸管导通,必须在阳极和阴极间加上正向电压,同时加以适当的正向控制极电压(称触发电压)。一旦导通后,要使晶闸管关断,必须采取降低阳极电压,反接或断开电路等措施,使正向电流小于最小维持电流。

(五)晶闸管的主要参数

额定正向平均电流、最小维持电流、正向阻断峰值电压、反向峰值电压、控制极触发电压和电流。

(六)晶闸管整流电路

在电路中的应用最为广泛,除了整流外,还有调压、变频逆变和电子开关等方面的应用。

1. 晶闸管交流调压电路

如图 1-33 所示,在交流电源的正负半周中,依次给两个晶闸管加上触发信号(控制角为 α),则两个可控硅交替导通,如果改变控制角 α 的大小,负载电压将随之改变,从而达到交流调压的目的。

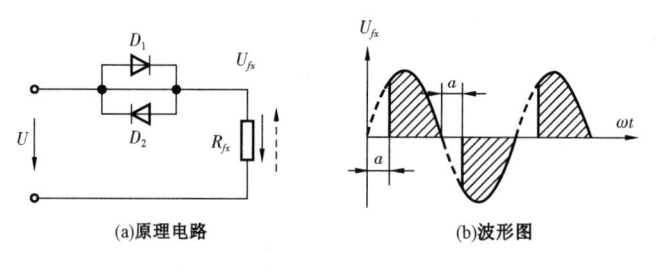

(a)原理电路   (b)波形图

图 1-33 单相晶闸管交流调压

2. 逆变器

借助晶闸管将直流电变换为交流电的过程称为逆变。其工作原理可用图 1-34 来说明。

当交替使两组晶闸管导通时。则负载 R 上可以获得交流电,只要改变施加在两组晶闸管上触发信号的频率,就可以获得不同频率的交流电。

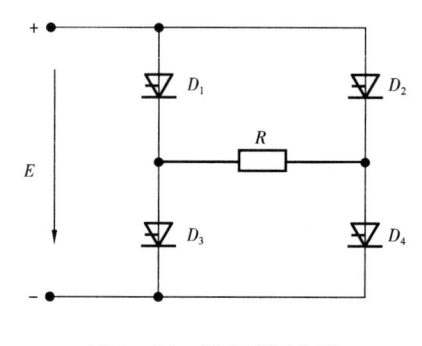

图 1-34 逆变原理电路

第二章　触电危害与急救

本章主要介绍触电事故类型和方式、电流对人体的作用、触电事故规律、触电急救等基本内容。

第一节　电流对人体的伤害

触电事故的构成方式和伤害方式有很多不同之处，总体上可划分为两类触电事故、三种触电方式。

一、电流对人体的伤害

触电是指电流通过人体时对人体产生的生理和病理的伤害，伤害的方式分为电击和电伤两种类型。

（一）电击

电击是由于电流流过人体而造成的内部器官在生理上的反应和病变。如刺痛、灼热感、痉挛、昏迷、心室颤动或停跳、呼吸困难或停止。电击是造成触电者死亡的主要原因。

电击的主要特征有：
(1)伤害人体内部。
(2)在人体的外表没有显著的痕迹。
(3)致命电流较小。

（二）电伤

电伤是由于电流的热效应、化学效应和机械效应对人体造成的伤害，最常见的电伤有以下几种：

(1)电烧伤是电流的热效应造成的伤害，分为电流灼伤和电弧烧伤。

电流灼伤是人体与带电体接触，电流通过人体由电能转换成热能造成的伤害。电流灼伤一般发生在低压设备或低压线路上。

电弧烧伤是由弧光放电造成的伤害，电弧温度高达8000℃以上，可造成大面积、大深度的烧伤，甚至烧焦、烧掉四肢及其他部位。

(2)皮肤金属化是在电弧高温的作用下，金属熔化、汽化，金属微粒渗入皮肤，使皮肤造成粗糙而张紧的伤害。皮肤金属化多与电弧烧伤同时发生。

(3)电烙印是在人体与带电体接触的部位留下的永久性斑痕。斑痕处皮肤失去原有弹性、色泽，表皮坏死，失去知觉。

(4)机械性损伤是电流作用于人体时，由于中枢神经反射和肌肉强烈收缩等作用导致的机体组织断裂、骨折等伤害。

（5）电光眼是发生弧光放电时，由红外线、可见光、紫外线对眼睛的伤害。电光眼表现为角膜炎或结膜炎。

二、影响触电后果的因素

（一）电流强度

按照人体对电流的反应和受伤害程度不同可分为：
（1）感知电流：平均值为1mA。
（2）摆脱电流：成年男性为16mA。
（3）致命电流：成年男性为50mA。
注：我国规定，通过人体的安全极限电流值为30mA。

（二）电流通过人体持续时间的影响

电击持续时间越长，则电击危险性越大。

（三）电流频率

工频电流对人体的伤害最严重。

（四）电流流过人体的途径

电流通过心脏、中枢神经、呼吸系统是最危险的。因此从左手到前胸是最危险的电流路径；危险性最小的电流路径是从一只脚到另一只脚。

（五）人体的状况影响

身体健康、肌肉发达者摆脱电流较大，室颤电流约与心脏质量成正比，患有心脏病、中枢神经系统疾病、肺病的人电击后的危险性较大。精神状态和心理因素对电击后果也有影响。女性的感知电流和摆脱电流约为男性的2/3。儿童遭受电击后的危险性较大。

（六）人体电阻的大小

人体电阻的大小是影响触电后果的重要物理因素。皮肤电阻在人体电阻中占有较大的比例。皮肤破坏后，人体电阻急剧下降。

第二节　人体触电的方式

按照人体触及带电体的方式和电流流过人体的途径，触电电流通过心脏、中枢神经、呼吸系统是最危险的。可分为单相触电、两相触电和跨步电压触电。

一、单相触电

当人体直接碰触带电设备其中的一相时，电流通过人体流入大地，这种触电现象称为单相触电。对于高压带电体，人体虽未直接接触，但由于超过了安全距离，高电压对人体放电，造成单相接地而引起的触电,也属于单相触电。

低压电网通常采用变压器低压侧中性点直接接地和中性点不直接接地(通过保护间隙接地)的接线方式,这两种接线方式发生单相触电的情况如图 2-1 所示。

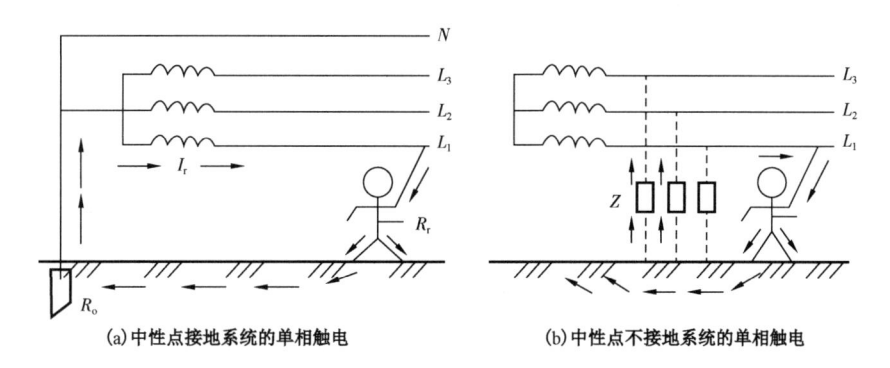

(a)中性点接地系统的单相触电　　(b)中性点不接地系统的单相触电

图 2-1　单相触电示意图

在中性点直接接地的电网中,通过人体的电流为

$$I_r = \frac{U}{R_r + R_o}$$

式中　U——电气设备的相电压;

　　　R_o——中性点接地电阻;

　　　R_r——人体电阻。

因为 R_o 和 R_r 相比较,R_o 甚小,可以略去不计,因此

$$I_r = \frac{U}{R_r}$$

从上式可以看出,若人体电阻按照 1000Ω 计算,则在 220V 中性点接地的电网中发生单相触电时,流过人体的电流将达 220mA,已大大超过人体的承受能力。

二、两相触电

人体同时接触带电设备或线路中的两相导体,或在高压系统中,人体同时接近不同相的两相带电导体,而发生电弧放电,电流从一相导体通过人体流入另一相导体,构成一个闭合回路,这种触电方式称为两相触电。

发生两相触电时,作用于人体上的电压等于线电压,这种触电是最危险的。

三、跨步电压触电

当电气设备发生接地故障,接地电流通过接地体向大地流散,在地面上形成电位分布时,若人在接地短路点周围行走,其两脚之间的电位差,就是跨步电压。由跨步电压引起的人体触电,称为跨步电压触电。

下列情况和部位可能发生跨步电压电击:

(1)带电导体,特别是高压导体故障接地处,流散电流在地面各点产生的电位差造成跨步电压电击。

（2）接地装置流过故障电流时,流散电流在附近地面各点产生的电位差造成跨步电压电击。

（3）正常时有较大工作电流流过的接地装置附近,流散电流在地面各点产生的电位差造成跨步电压电击。

（4）防雷装置接受雷击时,极大的流散电流在其接地装置附近地面各点产生的电位差造成跨步电压电击。

（5）高大设施或高大树木遭受雷击时,极大的流散电流在附近地面各点产生的电位差造成跨步电压电击。

跨步电压的大小受接地电流大小、鞋和地面特征、两脚之间的跨距、两脚的方位以及离接地点的远近等很多因素的影响。人的跨距一般按0.8m考虑。

第三节 触电急救

一、触电事故的规律

触电事故季节性明显:每年二、三季度事故多。特别是6—9月,事故最为集中。

低压设备触电事故多:是因为低压设备与之接触的人比与高压设备接触的人多得多,而且这些人都比较缺乏电气安全知识。

携带式设备和移动式设备触电事故多:主要原因是这些设备是在人的紧握之下运行,不但接触电阻小,而且一旦触电就难以摆脱电源;另外,这些设备需要经常移动,设备和电源线都容易发生故障或损坏。

电气连接部位触电事故多:很多触电事故发生在接线端子、缠接接头、压接接头、焊接接头、电缆头、灯座、插销、插座、控制开关、接触器、熔断器等分支线、接户线处。

不同年龄段的人员触电事故不同:中青年工人、非专业电工、合同工和临时工触电事故多。

二、触电急救

触电急救的第一步是使触电者迅速脱离电源,第二步是现场救护。

（一）触电急救的要点

抢救迅速与救护得法。

（二）解救触电者脱离电源的方法

1. 脱离低压电源的方法

可用五个字简单概括,即"拉""切""挑""拽"和"垫"。

拉:就近拉开电源开关、拔出插头或瓷插熔断器。

切:当电源开关、插座或熔断器离现场较远时,可用带有绝缘柄的利器切断电源线。

挑:导线搭落在触电者身上或压在身下,可用干燥的木棒、竹竿等挑开。

拽：救护人员可戴上手套或在手上包缠干燥的衣物等绝缘物品拖拽触电者，使之脱离电源。

垫：如果触电者由于痉挛，手指紧握导线，或导线缠在身上，可先用干燥的木板塞进触电者身上，使其与大地得到绝缘，然后再采取其他办法切断电源。

2. 脱离高压电源的方法

（1）立即电话通知有关供电部门拉闸断电。
（2）电源开关离触电现场不太远，可戴上绝缘手套，穿上绝缘靴拉开高压断路器。
（3）往架空线路抛挂裸金属软导线，人为造成线路短路，迫使继电保护动作。
（4）如果触电者触及断落在地上的带电高压导线，且尚未确认线路无电之前，救护人员应穿上绝缘靴或临时双脚并拢跳跃接近触电者。

3. 使触电者脱离电源的注意事项

救护人不得采用金属或其他潮湿物品作为救护工具；未采取绝缘措施前，救护人不得直接触及触电者的皮肤和潮湿的衣服；在拽拉触电者脱离电源过程中，救护人宜用单手操作；触电者位于高位时，应采取措施预防触电者脱离电源后坠落；夜间发生触电事故时，应考虑切断电源后的临时照明问题。

（三）现场救护

1. 触电者未失去知觉的救护措施

触电伤员如神志清醒，应使其就地躺平，严密观察，暂时不要站立或走动。

2. 触电者已失去知觉的抢救措施

触电伤员如神志不清，应就地仰面躺平，且确保气道通畅，呼叫伤员或轻拍其肩部，以判定伤员是否意识丧失，禁止摇动伤员头部。

（四）抢救触电者生命的心肺复苏法

触电伤员呼吸和心跳均停止时，应立即按心肺复苏法正确进行就地抢救。心肺复苏法包括以下三步：

（1）胸外按压；
（2）通畅气道；
（3）口对口（鼻）人工呼吸。

（五）现场救护中的注意事项

（1）抢救过程中应适时对触电者进行再判定；
（2）抢救过程中移送触电伤员时应注意相应事项；
（3）伤员好转后的处理；
（4）慎用药物；
（5）触电者死亡的认定。

注意：触电急救必须分秒必争，并坚持不断地进行，同时及早与医疗部门联系，争取医务人员接替救治。在医务人员未接替救治前,不应放弃现场抢救,更不能只根据没有呼吸或脉搏,擅自判定伤员死亡,放弃抢救。只有医生才有权做出伤员死亡的诊断。

三、外伤救护

对于一般性的外伤创面,可用无菌生理盐水或清洁的温开水冲洗后,再用消毒纱布或干净的布包扎,然后将伤员送往医院。

第三章 电气安全工作要求与措施

触电事故的原因很多,实践证明,管理措施不到位,组织措施与技术措施配合不当都是造成事故的根本原因。

第一节 安全生产管理

一、安全生产知识

"安全第一、预防为主、综合治理"是我国安全生产的基本方针。

《中华人民共和国安全生产法》(以下简称《安全生产法》)是我国第一部关于安全生产的专门法律,适用于各个行业的生产经营活动。它的根本宗旨是保护从业人员在生产经营活动中应享有的保证生命安全和身心健康的权利。这一宗旨是通过调整生产经营责任者、从业人员和国家管理机关三者之间的权利义务关系来实现的。《安全生产法》实行属地管理原则,即生产活动在谁的行政管辖范围内即由谁依法管理,而不管生产经营实体的性质和隶属背景。

在安全生产领域内,《安全生产法》的法律地位最高,其他针对具体行业或工种的法规、条例,其法律地位应在《安全生产法》之下。

二、《劳动法》有关知识

《中华人民共和国劳动法》(以下简称《劳动法》)中需要掌握的主要有两条:

(1)用人单位必须为劳动者提供符合国家规定的劳动安全卫生条件和必要的劳动防护用品。对从事有职业危害作业的劳动者,应当定期进行健康检查。

(2)从事特种作业的劳动者,必须经过专门培训并取得特种作业资格。生产经营单位的特种作业人员必须按照国家有关规定经专门的安全作业培训,取得特种作业操作资格证书,方可上岗作业。

将两法的条款统一起来理解,就是特种作业人员必须取得两种资格证才能上岗。一种是特种作业资格证(即技术等级证),另一种是特种作业操作资格证(即安全生产培训合格证)。两证缺一即视为违法上岗或违法用工。

三、工伤保险条例有关知识

主要应当了解两条:

(1)中华人民共和国境内的各类企业、有雇工的个体工商户(以下简称用人单位)应当参加工伤保险,为本单位全部职工或者雇工缴纳工伤保险费。中华人民共和国境内的各类企业的职工和个体工商户的雇工均有依照本条例的规定享受工伤保险待遇的权利。

(2)用人单位应当将参加工伤保险的有关情况在本单位内公示。职工发生工伤时,用人单位应当采取措施使工伤职工得到及时救治。

四、特种作业人员安全技术培训考核管理规定有关知识

按照国家安全生产监督管理总局发布的《特种作业人员安全技术培训考核管理规定》,特种作业范围共 11 个作业类别,51 个工种。特种作业操作证有效期为 6 年,在全国范围内有效,操作证每 3 年复审一次。

对特种作业人员的基本要求:

(1)年满 18 周岁,且不超过国家法定退休年龄。

(2)经社区或者县级以上医疗机构体检健康合格,并无妨碍从事相应特种作业的器质性心脏病、癫痫病、美尼尔氏症、眩晕症、癔病、震颤麻痹症、精神病、痴呆症以及其他疾病和生理缺陷。

(3)具有初中及以上文化程度。

(4)具备必要的安全技术知识与技能。

(5)相应特种作业规定的其他条件。

特种作业人员必须经专门的安全技术培训并考核合格,取得《中华人民共和国特种作业操作证》(以下简称特种作业操作证)后,方可上岗作业。

特种作业人员的安全技术培训、考核、发证、复审工作实行统一监管、分级实施、教考分离的原则。

生产经营单位使用未取得特种作业操作证的人员上岗作业的,责令限期改正;可以处 5 万元以下的罚款;逾期未改正的,责令停产停业整顿,并处 5 万元以上 10 万元以下的罚款,对直接负责的主管人员和其他直接责任人员处 1 万元以上 2 万元以下的罚款。

生产经营单位非法印制、伪造、倒卖特种作业操作证,或者使用非法印制、伪造、倒卖的特种作业操作证的,给予警告,并处 1 万元以上 3 万元以下的罚款;构成犯罪的,依法追究刑事责任。

特种作业人员伪造、涂改特种作业操作证或者使用伪造的特种作业操作证的,给予警告,并处 1000 元以上 5000 元以下的罚款。

特种作业人员转借、转让、冒用特种作业操作证的,给予警告,并处 2000 元以上 10000 元以下的罚款。

五、从业人员权利及义务

(一)根据《安全生产法》,从业人员享有的权利

1. 知情、建议权

生产经营单位的从业人员有权了解其作业场所和工作岗位存在的危险因素、防范措施及事故应急措施,有权对本单位的安全生产工作提出建议。与此相对应,责任方有完整、如实告知的义务,不得隐瞒和欺骗。同时对安全生产方面的合理建议有接受和改进的义务。

2. 批评、检举、控告权

从业人员有权对本单位安全生产工作中存在的问题提出批评、检举、控告。

3. 合法拒绝权

从业人员有权拒绝违章指挥和强令冒险作业。

4. 遇险停、撤权

从业人员发现直接危及人身安全的紧急情况时,有权停止作业或者在采取可能的应急措施后撤离作业场所。

5. 保(险)外索赔权

因生产安全事故受到损害的从业人员,除依法享有工伤社会保险外,依照有关民事法律尚有获得赔偿的权利的,有权向本单位提出赔偿要求。

(二)从业人员的义务

1. 遵章作业的义务

从业人员在作业过程中,应当严格遵守本单位的安全生产规章制度和操作规程,服从管理。

2. 佩戴和使用劳动防护用品的义务

从业人员在生产过程中,应当正确佩戴和使用劳动防护用品。

3. 接受安全生产教育培训的义务

从业人员应当接受安全生产教育和培训,掌握本职工作所需的安全生产知识,提高安全生产技能,增强事故预防和应急处理能力。

4. 安全隐患报告义务

从业人员发现事故隐患或者其他不安全因素,应当立即向现场安全生产管理人员或者本单位负责人报告;接到报告的人员应当及时予以处理。

第二节 电气安全工作基本要求

电气安全工作基本要求归纳起来主要有以下几个方面:

一、建立健全规章制度

根据不同岗位,应建立各种安全操作规程。

安装电气线路和电气设备时,必须严格遵循安装操作规程,验收时符合安装操作规程的要求,这是保证线路和设备在良好的、安全的状态下工作的基本条件之一。

对于某些电气设备,应建立专人管理的责任制。开关设备、临时线路、临时设备等容易发生事故的设备,都应有专人负责管理。特别是临时设备,最好能结合现场情况,明确规定安装要求、长度限制、使用期限等项目。

有些项目的检修,应停电进行;有的也允许带电进行,对此应有明确规定。为了保证检修工作,必须建立必要的安全工作制度,如工作票制度、工作监护制度等。

二、配备管理机构和管理人员

应当根据本部门电气设备的构成和状态,根据本部门电气专业人员的组成和素质,以及根据本部门的用电特点和操作特点,建立相应的管理机构,并确定管理人员和管理方式。专职管理人员应具备必须的电工知识和电气安全知识,并要根据实际情况制订安全措施计划。

三、进行安全检查

做好电气安全检查,发现问题及时解决,特别要注意雨季前和雨季中的安全检查。

电气安全检查包括以下几方面:

(1)检查电气设备的绝缘有无损坏、绝缘电阻是否合格、设备裸露带电部分是否有防护设施。

(2)保护接零或保护接地是否正确、可靠,保护装置是否符合要求。

(3)手提灯和局部照明灯电压是否是安全电压或是否采取了其他安全措施。

(4)安全用具和电气灭火器材是否齐全。

(5)电气设备安装是否合格、安装位置是否合理,制度是否健全。

(6)对变压器等重要电气设备要坚持巡视,并做必要的记录,对新安装设备,特别是自制设备的验收工作要坚持原则,一丝不苟。

(7)对使用中的电气设备,应定期测定其绝缘电阻。

(8)对各种接地装置,应定期测定其接地电阻。

(9)对安全用具、避雷器、变压器油及其他保护电器,也应定期检查测定或进行耐压试验。

四、加强安全教育

主要是为了使工作人员懂得电的基本知识,认识安全用电的重要性,掌握安全用电的基本方法。具体要求如下:

(1)新入厂的工作人员要接受厂、车间、生产小组等三级安全教育。

(2)一般职工要懂得电和安全用电的一般知识。

(3)使用电气设备的一般生产工人除懂得一般知识外,还应懂得有关安全规程。

(4)独立工作的电工,更应懂得电气装置在安装、使用、维护、检修过程中的安全要求,熟知电工安全操作规程,会扑灭电气火灾的方法,掌握触电急救的技能,电工作业人员要遵守职业道德,忠于职业责任,遵守职业纪律、团结协作、做好安全供用电工作,还要通过考试,取得合格证等。同时,要深入开展交流活动,以推广各单位先进的安全组织措施和安全技术措施。

五、组织事故分析

通过事故分析,吸取教训。应深入现场,召开事故分析座谈会。分析发生事故的原因,制订防止事故的措施。

六、建立安全资料

安全技术资料是做好安全工作的重要依据,应该注意收集和保存。

对重要设备应单独建立资料,如技术规格、出厂试验记录、安装试车记录等。每次检修和试验记录应作为资料保存,以便查对。设备事故和人身事故的记录也应作为资料保存。

应当注意收集各种安全标准法规和规范。

第三节　保证安全的组织措施

在电气设备上工作,保证安全的组织措施有:
工作票制度,工作许可制度,工作监护制度,工作间断、转移和终结制度。

一、工作票制度

在电气设备上工作,应填用工作票或按命令执行,其方式有下列三种:

(一)第一种工作票

填用第一种工作票的工作为:

(1)高压设备上工作需要全部停电或部分停电的;

(2)高压室内的二次接线和照明等回路上的工作,需要将高压设备停电或采取安全措施的。

第一种工作票的格式见表3-1。

表3-1　电工作业工作票(第一种)

电工作业工作票(第一种)　　　　　　　　　　　编号:	
1. 工作负责人(监护人):_____。 　　　　班组:_____。	
2. 工作班人员:_____共_____人。	
3. 工作内容和工作地点:	
4. 计划工作时间:自____年____月____日____时____分 　　　　　　　　至____年____月____日____时____分	
5. 安全措施: 下列由工作票签发人填写	下列由工作许可人(值班员)填写
应拉开关和刀闸,包括填写前已拉开关和刀闸(注明编号)	已拉开关和刀闸(注明编号)
应装接地线(注明地点)	已装接地线(注明接地线编号和装设地点)
应设遮栏,应挂标示牌	已设遮栏,已挂标示牌(注明地点)
	工作地点保留带电部分和补充安全措施
工作票签发人签名:	
收到工作票时间:____年____月____日____时____分	工作许可人签名:
值班负责人签名:	值班负责人签名:

续表

值长签名：
6. 许可开始工作时间：＿＿年＿＿月＿＿日＿＿时＿＿分
工作负责人签名：＿＿＿＿＿＿＿＿＿＿工作许可人签名：＿＿＿＿＿＿＿＿＿＿。
7. 工作负责人变动：
原工作负责人＿＿＿＿＿＿＿＿＿离去;变更为＿＿＿＿＿＿＿＿＿工作负责人。
变更时间：＿＿年＿＿月＿＿日＿＿时＿＿分。
工作票签发人签名：＿＿＿＿＿＿＿＿＿＿。
8. 工作票延期,有效期延长到：＿＿年＿＿月＿＿日＿＿时＿＿分。
工作负责人签名：＿＿＿＿＿＿＿＿＿＿。
值长或值班负责人签名：＿＿＿＿＿＿＿＿＿＿。
9. 工作结束：工作班人员已经全部撤离,现场已清理完毕。
全部工作于＿＿年＿＿月＿＿日＿＿时＿＿分结束。
工作负责人签名：＿＿＿＿＿＿＿＿＿＿工作许可人签名：＿＿＿＿＿＿＿＿＿＿。接地线共＿＿＿＿＿＿＿＿＿＿组
已拆除。值班负责人签名：＿＿＿＿＿＿＿＿＿＿。
10. 备注：＿＿＿＿＿＿＿＿＿＿。

（二）第二种工作票

填用第二种工作票的工作为：

（1）带电作业和在带电设备外壳上的工作；

（2）在控制盘和低压配电盘、配电箱、电源干线上的工作；

（3）在二次接线回路上的工作；

（4）无须将高压设备停电的工作；

（5）在转动中的发电机、同期调相机的励磁回路或高压电动机转子电阻回路上的工作；

（6）非当值值班人员用绝缘棒和电压互感器定相或用钳形电流表测量高压回路的电流。

第二种工作票的格式见表3-2。

表3-2　电工作业工作票（第二种）

电工作业工作票（第二种）　　　　　　　　　　　　　　　编号：
1. 工作负责人(监护人)：＿＿＿＿＿＿＿＿＿＿＿＿＿＿＿＿＿＿＿＿＿。
班组：＿＿＿＿＿＿＿＿＿＿＿＿＿＿＿＿＿＿＿＿＿。
工作班人员：＿＿＿＿＿＿＿＿＿＿＿＿＿＿＿＿＿＿＿＿＿。
2. 工作任务：
3. 计划工作时间：自＿＿年＿＿月＿＿日＿＿时＿＿分
至＿＿年＿＿月＿＿日＿＿时＿＿分
4. 工作条件(停电或不停电)：
5. 注意事项(安全措施)：
工作票签发人签名：＿＿＿＿＿＿＿＿＿＿。

续表

6. 许可开始工作时间：___年___月___日___时___分 　　工作许可人(值班员)签名：_____。 　　工作负责人签名：_____。 7. 工作结束时间：___年___月___日___时___分 　　工作许可人(值班员)签名：_____。 　　工作负责人签名：_____。 8. 备注：_____。

使用工作票的具体要求：

(1)工作票一式填写两份，一份必须经常保存在工作地点，由工作负责人收执，另一份由值班员收执，按值移交，在无人值班的设备上工作时，第二份工作票由工作许可人收执。

(2)一个工作负责人只能发一张工作票。

(3)工作票上所列的工作地点，以一个电气连接部分为限。如施工设备属于同一电压、位于同一楼层、同时停送电，且不会触及带电导体时，可允许几个电气连接部分共用一张工作票。

(4)在几个电气连接部分上，依次进行不停电的同一类型的工作，可以发给一张第二种工作票。

(5)若一个电气连接部分或一个配电装置全部停电，则所有不同地点的工作，可以发给一张工作票，但要详细填明主要工作内容。

(6)几个班同时进行工作时，工作票可发给一个总的负责人。

(7)若至预定时间，一部分工作尚未完成，仍须继续工作而不妨碍送电者，在送电前，应按照送电后现场设备带电情况，办理新的工作票，布置好安全措施后，方可继续工作。

(8)第一、第二种工作票的有效时间，以批准的检修期为限。

(9)第一种工作票至预定时间，工作尚未完成，应由工作负责人办理延期手续。

(三) 口头或电话命令

用于第一和第二种工作票以外的其他工作。口头或电话命令，必须清楚正确，值班员应将发令人、负责人及工作任务详细记入操作记录簿中，并向发令人复诵核对一遍。

二、工作许可制度

工作票签发人由车间(分场)或工区(所)熟悉人员技术水平、设备情况、安全工作规程的生产领导人或技术人员担任。

工作票签发人的职责范围为：工作必要性；工作是否安全；工作票上所填安全措施是否正确完备；所派工作负责人和工作班人员是否适当和足够，精神状态是否良好等。工作票签发人不得兼任该项工作的工作负责人。

工作负责人(监护人)由车间(分场)或工区(所)主管生产的领导书面批准。工作负责人可以填写工作票。

工作许可人不得签发工作票。工作许可人的职责范围为：负责审查工作票所列安全措施是否正确完备,是否符合现场条件;工作现场布置的安全措施是否完善;负责检查停电设备有无突然来电的危险;对工作票所列内容即使发生很小疑问,也必须向工作票签发人询问清楚,必要时应要求做详细补充。

工作许可人(值班员)在完成施工现场的安全措施后,还应会同工作负责人到现场检查所采取的安全措施,以手触试,证明检修设备确无电压,对工作负责人指明带电设备的位置和注意事项,同工作负责人分别在工作票上签名。完成上述手续后,工作班方可开始工作。

三、工作监护制度

完成工作许可手续后,工作负责人(监护人)应向工作班人员交待现场安全措施、带电部位和其他注意事项。工作负责人(监护人)必须始终在工作现场,对工作班人员的安全认真监护,及时纠正违反安全规程的操作。

全部停电时,工作负责人(监护人)可以参加工作班工作。

部分停电时,只有在安全措施可靠,人员集中在一个工作地点,不致误碰带电部分的情况下,方能参加工作。

工作期间,工作负责人若因故必须离开工作地点,应指定能胜任的人员临时代替,离开前应将工作现场交待清楚,并告知工作班人员。原工作负责人返回工作地点时,也应履行同样的交接手续。若工作负责人需要长时间离开现场,应由原工作票签发人变更新工作负责人,两工作负责人应做好必要的交接。

值班员如发现工作人员违反安全规程或任何危及工作人员安全的情况,应向工作负责人提出改正意见,必要时可暂时停止工作,并立即报告上级。

四、工作间断、转移和终结制度

工作间断时,工作班人员应从工作现场撤出,所有安全措施保持不动,工作票仍由工作负责人执存。

每日收工,将工作票交回值班员。次日复工时,应征得值班员许可,取回工作票,工作负责人必须首先重新检查安全措施,确定符合工作票的要求后,方可工作。

全部工作完毕后,工作班人员应清扫、整理现场。工作负责人应先周密检查,待全体工作人员撤离工作地点后,再向值班员讲清所修项目、发现的问题、试验结果和存在的问题等,并与值班员共同检查设备状态,有无遗留物件,是否清洁等,然后在工作票上填明工作终结时间,经双方签名后,工作票方告终结。

只有在同一停电系统的所有工作票结束,拆除所有接地线、临时遮栏和标示牌,恢复常设遮栏,并得到值班调度员或值班负责人的许可命令后,方可合闸送电。

已结束的工作票,保存3个月。

第四节　保证安全的技术措施

在全部停电或部分停电的电气设备上工作,必须完成停电、验电、装设接地线、悬挂标示牌和装设遮栏后,方能开始工作。上述安全措施由值班员实施,无值班人员的电气设备,由断开电源人执行,并应有监护人在场。

一、停电的安全要求

(1)对停电作业的电气设备或线路,必须把各方面的电源完全断开。
(2)必须拉开电闸,使每个电源至检修设备或线路至少有一个明显的断开点。
(3)严禁在只经开关断开电源的设备上工作。
(4)对一经合闸就可能送电到停电设备或线路的刀闸的操作把手必须锁住。

二、验电

验电注意事项:
(1)验电时,必须用电压等级合适而且合格的验电器。在检修设备的进出线两侧分别验电。验电前,应先在有电设备上进行试验,以确认验电器良好,如果在木杆、木梯或木架上验电,不接地线不能指示者,可在验电器上接地线,但必须经值班负责人许可。
(2)高压验电必须戴绝缘手套。
(3)表示设备断开和允许进入间隔的信号,经常接入的电压表的指示等,不得作为无电压的根据。但如果指示有电,则禁止在该设备上工作。

三、装设接地线

装设接地线的要求:
(1)装设接地线必须由两人进行。
(2)当验明确无电压后,应立即将检修设备接地并三相短路。
(3)装设接地线必须先接接地端,后接导体端;拆除时顺序相反。
(4)考虑接地线其可能最大摆动点与带电部分的距离应符合规定。
(5)接地线与检修设备之间不得装设开关或保险器。
(6)严禁使用不合格地线,应当使用多股软铜线,其截面应符合短路电流的要求,但不得小于 $25mm^2$。接地线必须用专用线夹固定在导体上,严禁用缠绕的方法进行接地或短路。
(7)带有电容的设备或电缆线路应先放电后再装设接地线。

四、悬挂标示牌和装设遮栏

在工作地点、施工设备和一经合闸即可送电到工作地点或施工设备的开关和刀闸的操作把手上,均应悬挂"禁止合闸,有人工作!"的标示牌。

如果线路上有人工作,应在线路开关和刀闸操作把手上悬挂:"禁止合闸,线路上有人工作!"的标示牌。

标示牌的悬挂和拆除,应按调度员的命令执行。

部分停电的工作,安全距离不符合要求时,应装设临时遮栏。临时遮栏可用干燥木材、橡胶或其他坚韧绝缘材料制成,装设应牢固,并悬挂标示牌。

五、低压带电工作的要求

低压带电工作应设专人监护,使用有绝缘柄的工具,工作时站在干燥的绝缘物上,戴绝缘手套和安全帽,穿长袖衣,严禁使用锉刀、金属尺和带有金属物的毛刷、毛掸等工具。

在高低压同杆架设的低压带电线路上工作时,应先检查与高压线的距离,采取防止误碰高压带电设备的措施。

在低压带电导线未采用绝缘措施前,工作人员不得穿越。在带电的低压配电装置上工作时,要保证人体和大地之间、人体与周围接地金属之间、人体与其他导体或零级之间有良好的绝缘或相应的安全距离。应采取防止相间短路和单相接地的隔离措施。上杆前先分清相、中性线,选好工作位置。断开导线时,应先断开相线,后断开中性零线。搭接导线时,顺序应相反。因低压相间距离很小检修中要注意防止人体同时接触两根线头。

第五节　电气安全用具

电气安全用具是保证操作者安全地进行电气工作时必不可少的工具。电气安全用具包括绝缘安全用具和一般防护用具。

一、绝缘安全用具

绝缘安全用具分为两种:一是基本绝缘安全用具;二是辅助绝缘安全用具。

基本绝缘安全用具:绝缘强度足以抵抗电气设备运行电压的安全用具。低压设备的基本绝缘安全用具有绝缘手套、装有绝缘柄的工具和低压试电笔等。

辅助绝缘安全用具:绝缘强度不足以抵抗电气设备运行电压的安全用具。低压设备的辅助绝缘安全用具有绝缘台、绝缘垫及绝缘鞋(靴)等。

二、验电器

为能直观地确定设备、线路是否带电,使用验电器检测是一种既方便又简单的方法。验电器按电压分为高压验电器和低压验电器两种。

(一)低压验电器的结构

低压验电器俗称电笔,如图3-1所示。

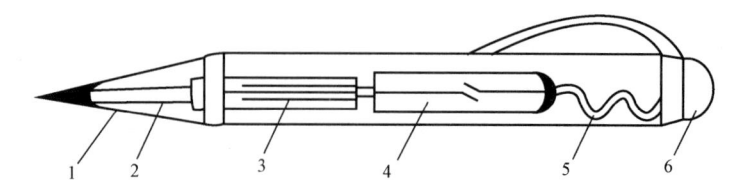

图3-1　低压验电器结构图
1—胶木笔管;2—金属笔尖;3—高电阻;4—氖灯;5—弹簧;6—金属笔卡

验电笔只能在380V及以下的电压系统和设备上使用,当用验电笔的笔尖接触低压带电设备时,氖灯即发出红光。电压越高发光越亮,电压越低发光越暗。因此从氖灯发光的亮度可判断电压高低。

(二)验电器的几种用法

(1)相线与零线的区别:在交流电路里,当验电器触及导线(或带电体)时,发亮的是相线,正常情况下,零线不发亮。

(2)交流电与直流电的区别:交流电通过验电笔时,氖管里的两个极同时发亮。直流电通过验电笔时,氖管里只有一个极发亮。

(3)直流电正负极的区别:把验电笔连接在直流电极上,发亮的一端(氖灯电极)为正极。

(4)正负极接地的区别:发电厂和电网的直流系统是对地绝缘的。人站在地上,用验电笔去触及系统的正极或负极,氖管是不应该发亮的。如果发亮,说明系统有接地现象。如亮点在靠近笔尖一端,则是正极有接地现象。如果亮点在靠近手指的一端,则是负极有接地现象。若接地现象微弱,不能达到氖管的起辉电压时,虽有接地现象,氖管仍不会发亮。

(5)电压高低的区别:一支自己经常使用的验电笔,可以根据氖管发亮的强弱来估计电压的大约数值。因为在验电笔的使用电压内,电压越高,氖管越亮。

(6)相线碰壳:用验电笔触及电气设备的外壳(如电动机、变压器外壳等),若氖管发亮,则是相线与壳体相接触(或绝缘不良),说明该设备有漏电现象,如果在壳体上有良好的接地装置,氖灯不会发亮。

(7)相线接地:用验电笔触及三相三线制星形接法的交流电路,有两根比通常稍亮,而另一根暗一些,说明较暗的相线有接地现象,但还不太严重。如果两根很亮,而另一相几乎看不见亮或不亮,说明这一相有金属接地。在三相四线制电路中,当单相接地后,中性线用验电笔测量时,也会发亮。

(8)设备(电动机、变压器等)各相负荷不平衡或内部匝间、相间短路及三相交流电路中性点移位时,用验电笔测量中性点,就会发亮。这说明该设备的各相负荷不平衡,或者内部有匝间或相间短路。上述现象,只在故障较为严重时才能反映出来。因为验电笔要在达到一定程度的电压以后,才能起辉。

(9)线路接触不良或不同电气系统互相干扰时,验电笔触及带电体氖灯闪亮,则可能是线头接触不良,也可能是两个不同的电气系统互相干扰。这种闪亮现象,在照明灯上能很明显地看出来。

三、绝缘手套和绝缘靴

(一)绝缘手套

绝缘手套是用绝缘性能良好的特种橡胶制成,有足够的绝缘强度和机械性能。

绝缘手套可以使人的两手与带电体绝缘,防止人手触及带电体而触电。按所用的原料可分为橡胶和乳胶绝缘手套两大类,如图3-2和图3-3所示。

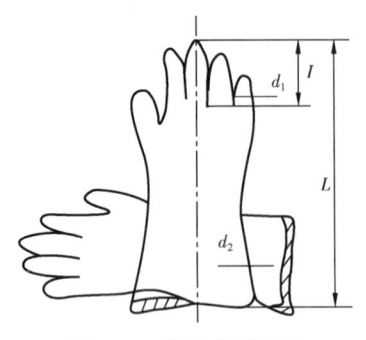

图 3-2 橡胶绝缘手套
L—全长；l—中指长；d₁—手指厚；d₂—筒掌厚

图 3-3 乳胶绝缘手套

绝缘手套的规格有 12kV 和 5kV 两种。5kV 绝缘手套，适用于电力工业、工矿企业和农村中一般低压电气设备。在电压 1kV 以下的电压区作业时，用作辅助安全用具；在 250V 以下电压区作业时，可作为基本安全用具；在 1kV 以上的电压区作业时，严禁使用此种绝缘手套。

(二) 绝缘靴(鞋)

绝缘靴(鞋)的作用是使人体与地面绝缘，防止跨步电压触电。绝缘靴(鞋)只能作为辅助绝缘安全用具。

绝缘靴(鞋)有 20kV 绝缘短靴、6kV 矿用长筒靴和 5kV 绝缘鞋。如图 3-4、图 3-5、图 3-6 所示。

图 3-4 20kV 绝缘短靴 　　图 3-5 6kV 矿用长筒靴 　　图 3-6 5kV 绝缘鞋
1—海棉层；2—绝缘层；3—大底及外围条

四、绝缘垫和绝缘台

(一) 绝缘垫

绝缘垫是一种辅助安全用具，一般铺在配电室的地面上，以便在带电操作断路器或隔离开关时增强操作人员的对地绝缘，防止接触电压与跨步电压对人体的伤害。也可铺在低压开关附近的地面上，操作时操作人员站在上面，用以代替使用绝缘手套和绝缘靴。绝缘垫应定期进行绝缘试验。

(二)绝缘台

绝缘台是一种辅助安全用具,可用来代替绝缘垫或绝缘靴。绝缘台的台面一般用干燥、木纹直而且无节的木板拼成,台面尺寸一般不小于75cm×75cm,不大于150cm×100cm。台面用四个绝缘瓷瓶支持。绝缘台可用于室内或室外的一切电气设备。

五、安全用具的检验与存放

(一)日常检查

使用安全用具前应检查表面是否清洁,有无裂纹、钻印、划痕、毛刺、孔洞、断裂等外伤。

(二)定期检验

定期检验除包括日常检查内容外,还要定期进行耐压试验和泄漏电流试验,检查内容、试验标准、试验周期可参考表3-3。

表3-3 安全用具的检查和试验标准

名称		电压 kV	试验标准			试验周期	检查内容
			耐压试验电压 kV	耐压持续时间 min	泄漏电流 mA		
绝缘杆和绝缘夹钳		35kV及以下	线电压的3倍但不得低于40	5		1年	机械强度,瓷瓶有无裂纹,油漆表面有无损坏;每3个月检查一次;检查时擦净表面
绝缘手套		各种电压	8~12	1	9~12	6~12个月	每次使用前检查,3个月擦一次
绝缘靴		各种电压	15~20	1~2	7.5~10	6个月	每次使用前检查。户外用的,用后除污;户内用的,3个月擦一次
绝缘鞋		1kV及以下	3.5	1	2	6个月	每次使用前检查。户外用的,用后除污;户内用的,3个月擦一次
绝缘毯和绝缘垫		1kV及以下	5	以2~3cm/s的速度拉过	5	2年	有无破洞,有无裂纹,表面有无损坏,擦洗干净,每3个月一次
		1kV以上	15		15		
绝缘台		各种电压	40	2		3年	台面、台脚有无损坏,擦洗干净。每3个月一次
高压验电器	本体	35kV及以下	20~25	1		6个月	有无裂纹,指示元件是否失灵,每次使用前应检验是否良好
	握手	10kV及以下	40	5		6个月	
		35kV及以下	105				

对新安全用具,应取表中较大的数值,使用中的安全用具,可取表中较小的数值。

(三) 存放

安全用具使用完毕后,应存放于干燥通风处,并符合下列要求：
(1) 绝缘杆应悬挂或架在支架上,不应与墙接触。
(2) 绝缘手套应存放在密闭的橱内,并与其他工具仪表分别存放。
(3) 绝缘靴应放在橱内,不应代替一般套鞋使用。
(4) 绝缘垫和绝缘台应经常保持清洁、无损伤。
(5) 高压试电笔应存放在防潮的匣内,并放在干燥的地方。
(6) 安全用具和防护用具不许当其他工具使用。

第六节 安全标识

一、安全色

安全色是表达安全信息含义的颜色,表示禁止、警告、指令、提示等。国家规定的安全色有红、蓝、黄、绿四种颜色。红色表示禁止、停止；蓝色表示指令、必须遵守的规定；黄色表示警告、注意；绿色表示指示、安全状态、通行。

为使安全色更加醒目的反衬色叫对比色。国家规定的对比色是黑白两种颜色。

安全色与其对应的对比色是：红—白、黄—黑、蓝—白、绿—白。

黑色用于安全标志的文字、图形符号和警告标志的几何图形。白色作为安全标志红、蓝、绿色的背景色,也可用于安全标志的文字和图形符号。

在电气上用黄、绿、红三色分别代表 L_1、L_2、L_3 三个相序；涂成红色的电器外壳是表示其外壳有电；灰色的电器外壳是表示其外壳接地或接零。

二、安全标志

安全标志是提醒人员注意或按标志上注明的要求去执行,保障人身和设施安全的重要措施。安全标志一般设置在光线充足、醒目、稍高于视线的地方。

对于隐蔽工程(如埋地电缆)在地面上要有标志桩或依靠永久性建筑挂标志牌,注明工程位置。

对于容易被人忽视的电气部位,如封闭的架线槽、设备上的电气盒,要用红漆画上电气箭头。

另外在电气工作中还常用标志牌,以提醒工作人员不得接近带电部分、不得随意改变刀闸的位置等。

移动使用的标志牌要用硬质绝缘材料制成,上面有明显标志,均应根据规定使用。

图 3-7 为常见的安全标志。

图 3-7 常见的安全标志

第四章 防触电技术

为防止触电事故的发生，必须采取可靠的防触电措施。防触电技术措施有直接接触触电防护措施和间接接触触电防护措施等。

第一节 绝缘防护、屏护和安全距离

绝缘防护、遮栏和阻挡物、电气间隙和安全距离、安全电压、漏电保护等都是防止直接接触电击的防护措施。

一、绝缘防护

绝缘防护就是用绝缘物把带电体封闭起来。

（一）绝缘材料

电工绝缘材料的电阻率一般在 $10^9\Omega\cdot m$ 以上。瓷、玻璃、云母、橡胶、木材、胶木、塑料、布、纸、矿物油等都是常用的绝缘材料。绝缘材料按其正常运行条件下容许的最高工作温度分为若干级，称为耐热等级。图4-1为常用的绝缘用具。

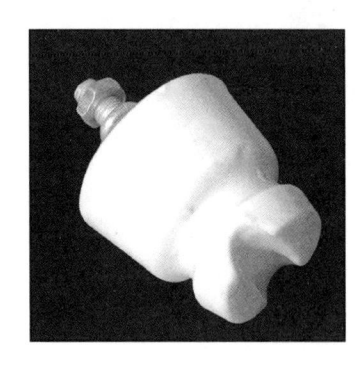

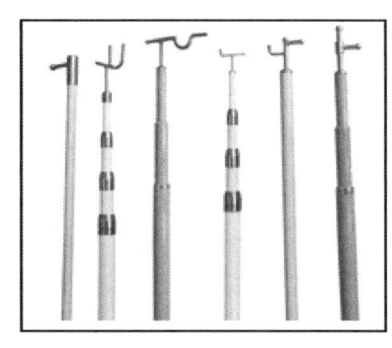

图4-1 常用的绝缘用具

绝缘材料的耐热等级见表4-1。

表4-1 绝缘材料的耐热等级

级别	绝缘材料	极限工作温度,℃
Y	木材、棉花、纸、纤维等天然的纺织品，以醋酸纤维和聚酰胺为基础的纺织品，以及易于热分解和熔化点较低的塑料	90
A	工作于矿物油中的和用油或油树脂复合胶浸过的Y级材料、漆包线、漆布、漆丝的绝缘及油性漆、沥青等	105

续表

级别	绝缘材料	极限工作温度,℃
E	聚脂薄膜和 A 级材料复合、玻璃布、油性树脂漆、聚乙烯醇缩醛高强度漆包线、乙酸乙烯耐热漆包线	120
B	聚脂薄膜、经合适树脂浸渍涂复的云母、玻璃纤维、石棉等制品、聚酯漆、聚酯漆包线	130
F	以有机纤维材料补强和石棉带补强的云母片制品、玻璃丝和石棉、玻璃漆布、以玻璃丝布和石棉纤维为基础的层压制品、以无机材料作补强和石棉带补强的云母粉制品、化学热稳定性较好的酯和醇类材料、复合硅有机聚酯漆	155
H	无补强或以无机材料为补强的云母制品、加厚的 F 级材料、复合云母、有机硅云母制品、硅有机漆、硅有机橡胶聚酰亚胺复合玻璃布、复合薄膜、聚酰亚胺漆等	180
C	耐高温有机黏合剂和浸渍剂及无机物如石英、石棉、云母、玻璃和电瓷材料等	180 以上

(二) 绝缘破坏

绝缘物在强电场的作用下被破坏,丧失绝缘性能,这就是击穿现象,这种击穿叫做电击穿,击穿时的电压叫做击穿电压,击穿时的电场强度叫做材料的击穿电场强度或击穿强度。

绝缘物除因击穿而破坏外,腐蚀性气体、蒸气、潮气、粉尘、机械损伤也都会降低其绝缘性能或导致破坏。

在正常工作的情况下,绝缘物也会逐渐"老化"而失去绝缘性能。绝缘破坏、老化、击穿现象如图 4 - 2 所示。

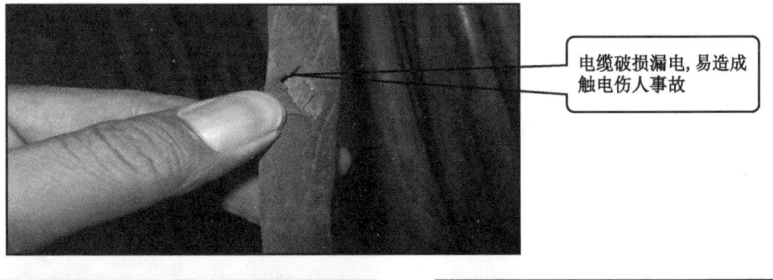

图 4 - 2 绝缘破坏、老化、击穿

(三) 绝缘电阻

绝缘电阻是最基本的绝缘性能指标。

不同的线路或设备对绝缘电阻有不同的要求。一般来说,高压比低压要求高,新设备比老设备要求高,移动的比固定的要求高等。

新装和大修后的低压线路和设备,要求绝缘电阻不低于 0.5MΩ。实际上设备的绝缘电阻值应随温度的变化而变化,运行中的线路和设备,要求可降低为每伏工作电压 1000Ω。在潮湿的环境中,要求可降低为每伏工作电压 500Ω。

携带式电气设备的绝缘电阻不低于 2MΩ。

配电盘二次线路的绝缘电阻不应低于 1MΩ,在潮湿环境中可降低为 0.5MΩ。

运行中电缆线路的绝缘电阻可参考表 4-2 的要求。表中,干燥季节应取较大的数值,潮湿季节可取较小的数值。

表 4-2 电缆线路的绝缘电阻

额定电压,kV	3	6~10	20~35
绝缘电阻,MΩ	300~750	400~1000	600~1500

(四) 预防电气设备绝缘事故的措施

(1) 不使用质量不合格的电气产品。

(2) 搬运、安装、运行和维修中避免绝缘受机械损伤、受潮、脏污。

(3) 按规程和规范安装。

(4) 按工作环境和使用条件正确选用电气设备。

(5) 按照技术参数使用电气设备。

(6) 正确选用绝缘材料。

(7) 按规定周期和项目对电气设备进行绝缘预防性试验,对有绝缘缺陷的设备及时进行处理。

二、屏护

屏护是采用屏护装置控制不安全因素,即采用遮栏、护罩、护盖、箱闸等把带电体同外界隔绝开来。如图 4-3 所示。

遮栏和外护物在技术上必须遵照有关规定进行设置。

屏护应用场合:开关电器的可动部分、开启、裸露的保护装置或其他电气设备、某些裸露的线路、人体可能触及或接近的天车滑线或母线、高压设备等均应采取屏护或其他防止接近的措施。

开关电器的屏护装置除作为防止触电的措施外,还是防止电弧伤人、防止电弧短路的重要措施。

屏护装置有永久性屏护装置,如配电装置的遮栏、开关的罩盖等;也有临时性屏护装置,如检修工作中使用的临时屏护装置和临时设备的屏护装置。有固定屏护装置,如母线的护网,也有移动屏护装置,如跟随天车移动的天车滑线的屏护装置。

图4-3 带屏护的电气装置

屏护装置不直接与带电体接触,对所用材料的电气性能没有严格要求。屏护装置所用材料应有足够的机械强度和良好的耐火性能。

在实际工作中,可根据具体情况,采用板状屏护装置或网眼屏护装置,网眼屏护装置的网眼不应大于20mm×20mm～40mm×40mm。

变配电设备应有完善的屏护装置。安装在室外地上的变压器及车间或公共场所的变配电装置,均需装设遮栏或栅栏作为屏护。遮栏高度不应低于1.7m,下部边缘离地不应超过0.1m。对于低压设备,网眼遮栏与裸导体距离不宜小于0.15m。10kV设备不宜小于0.35m,20～35kV设备不宜小于0.6m。户内栅栏高度不应低于1.2m,户外不低于1.5m。对于低压设备,栅栏与裸导体距离不宜小于0.8m,栏条间距离不应超过0.2m。户外变电装置围墙高度一般不应低于2.5m。

凡用金属材料制成的屏护装置,为了防止屏护装置意外带电造成触电事故,必须将屏护装置接地或接零。

三、安全距离

为了防止人体触及或接近带电体造成触电事故,避免车辆或其他器具碰撞或过分接近带电体造成事故,防止火灾、过电压放电和各种短路事故,且为了操作方便,在带电体与地面之间、带电体与其他设施和设备之间、带电体与带电体之间均需保持一定的安全距离。安全距离的大小取决于电压的高低、设备的类型、安装的方式等因素。

(一)线路间距

架空线路导线与地面或水面的距离不应低于表4-3所列的数值。

表4-3 导线与地面或水面的最小距离

线路经过地区	线路电压,kV		
	1以下	10	35
居民区,m	6	6.5	7
非居民区,m	5	5.5	6

续表

线路经过地区	线路电压,kV		
	1以下	10	35
交通困难地区,m	4	4.5	5
不能通航或浮运的河、湖冬季水面(或冰面),m	5	5	5.5
不能通航或浮运的河、湖最高水面(50年一遇的洪水水面),m	3	3	3

架空线路应避免跨越建筑物。架空线路不应跨越燃烧材料作屋顶的建筑物。架空线路必须跨越建筑物时,应与有关部门协商并取得有关部门的同意。架空线路与建筑物的距离不应低于表4-4的数值。

表4-4 导线与建筑物的最小距离

线路电压,kV	1以下	10	35
垂直距离,m	2.5	3.0	4.0
水平距离,m	1.0	1.5	3.0

架空线路导线与街道或厂区树木的距离不应低于表4-5所列的数值。

表4-5 导线与树木的最小距离

线路电压,kV	1以下	10	35
垂直距离,m	1.0	1.5	3.0
水平距离,m	1.0	2.0	

架空线路应与有爆炸危险的厂房和有火灾危险的厂房保持必要的防火间距。

架空线路与铁道、道路、管道、索道及其他架空线路之间的距离应符合有关规程的规定。

检查以上各项距离均需考虑当地温度、覆冰、风力等气象条件的影响。

几种线路同杆架设时应取得有关部门同意,而且必须保证:

(1)电力线路在通讯线路上方,高压线路在低压线路上方。

(2)通信线路与低压线路之间的距离不得小于1.5m;低压线路之间不得小于0.6m;低压线路之间与10kV高压线路之间不得小于1.2m;10kV高压线路之间不得小于0.8m。

10kV接户线对地距离不应小于4.0m;低压接户线对地距离不应小于2.5m;低压接户线跨越通车街道时,对地距离不应小于6m;跨越通车困难的街道或人行道时,不应小于3.5m。

户内电气线路的各项间距应符合有关规程的要求和安装标准。

直接埋地电缆埋设深度不应小于0.7m。

(二)设备间距

变配电设备各项安全距离一般不应小于表4-6所列的数值。

表中需要不同时停电检修的无遮栏裸导体之间一项指水平距离,如指垂直距离,35kV以下者可减为1000mm。

表4-6 变配电设备的最小允许距离

额定电压,kV		1以下	1~3	6	10	20	35	60
不同相带电部分之间及带电部分与接地部分之间,mm	户外	75	200	200	200	300	400	500
	户内	20	75	100	125	180	300	550
带电部分至板状遮栏,mm	户外							
	户内	50	105	130	155	210	330	580
带电部分至网状遮栏,mm	户外	175	300	300	300	400	500	700
	户内	100	175	200	225	280	400	650
带电部分至栅栏,mm	户外	825	950	950	950	1050	1150	1350
	户内	800	825	850	875	930	1050	1300
无遮栏裸导体至地面,mm	户外	2500	2700	2700	2700	2800	2900	3100
	户内	2500	2500	2500	2500	2500	2600	2850
需要不同时停电检修的无遮栏裸导体之间,mm	户外	2000	2200	2200	2200	2300	2400	2600
	户内	1875	1875	1900	1925	1980	2100	2350

室内安装的变压器,其外廓与变压器室四壁应留有适当距离。变压器外廓至后壁及侧壁的距离,容量1000kV·A及以下者不应小于0.6m,容量1250kV·A及以上者不应小于0.8m;变压器外廓至门的距离,分别不应小于0.8m和1.0m。

配电装置的布置,应考虑设备搬运、检修、操作和试验方便。为了工作人员的安全,配电装置需保持必要的安全通道。

低压配电装置正面通道的宽度,单列布置时不应小于1.5m;双列布置时不应小于2m。

低压配电装置背面通道应符合以下要求:

(1)宽度一般不应小于1m,有困难时可减为0.8m。

(2)通道内高度低于2.3m无遮栏的裸导电部分与对面墙或设备的距离不应小于1m;与对面其他裸导电部分的距离不应小于1.5m。

(3)通道上方裸导电部分的高度低于2.3m时,应加遮护,遮护后的通道高度不应低于1.9m。

配电装置长度超过6m时,屏后应有两个通向本室或其他房间的出口,且其间距离不应超过15m。

室内吊灯灯具高度一般应大于2.5m;受条件限制时可减为2.2m;如果还要降低,应采取适当安全措施。当灯具在桌面上方或其他人碰不到的地方时,高度可减为1.5m。户外照明灯具一般不应低于3m;墙上灯具高度允许减为2.5m。

(三)检修间距

为了防止在检修工作中,人体及其所携带工具触及或接近带电体,必须保证足够的检修间距。

在低压工作中,人体或其所携带工具与带电体的距离不应小于0.1m。

在高压无遮栏操作中,人体或其所携带工具与带电体之间的最小距离,10kV 及以下者不应小于 0.7m;20～35kV 者不应小于 1.0m。用绝缘杆操作时,上述距离分别可减为 0.4m 和 0.6m。不能满足上述距离时,应装设临时遮栏。

在线路上工作时,人体或其所携带工具与临近线路带电导线的最小距离,10kV 以下者不应小于 1.0m;35kV 者不应小于 2.5m。

第二节 IT 系统、TT 系统、TN 系统防护及接地装置

电气设备裸露的导电部分接保护导体(保护接地、保护接零等),即保护接地与保护接零是防止间接接触电击最基本的措施。掌握保护接地和保护接零的原理、特点、应用和安全条件十分重要。

一、IT 系统

IT 系统就是电源系统的带电部分不接地或通过阻抗接地,电气设备的外露导电部分接地的系统。第一个大写英文"I"表示配电网不接地或经高阻抗接地、第二个大写英文"T"表示电气设备金属外壳接地。显然,IT 系统就是保护接地系统。

(一)IT 系统安全原理

1. 不接地配电网电击的危险性

如图 4-4(a)所示,在不接地配电网中,如电气设备金属外壳未采取任何安全措施,则当外壳故障带电时,通过人体的电流经线路对地绝缘阻抗构成回路。绝缘阻抗是绝缘电阻和分布电容的并联组合。

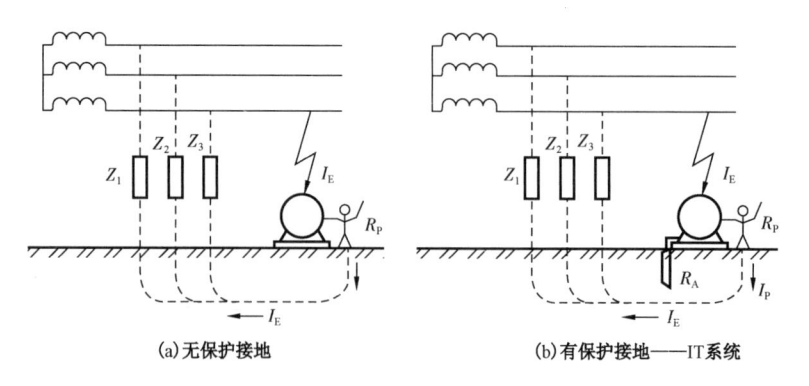

(a) 无保护接地　　　　(b) 有保护接地——IT 系统

图 4-4　IT 系统安全原理

在线路较长、绝缘水平较低的情况下,即使是低压配电网,电击的危险性仍然很大。

例如,当配电网相电压为 230V、频率为 50Hz、各相对地绝缘电阻均可看作无限大、各相对地电容均为 0.5μF、人体电阻为 2000Ω 时,可求得漏电设备对地电压为 135.4V,流过人体的电流为 67.7mA。这一电流远远超过人的心室颤动电流,足以使人致命。

2. 对地电压限制

以上分析表明,即使在低压不接地配电网中,也必须采取防止间接接触电击的措施。这种情况下最常用的安全措施是保护接地,即把在故障情况下可能出现危险的对地电压的导电部分同大地紧密地连接起来的接地。

对于前面列举的例子,如有保护接地,且 $R_A=4\Omega$,其他条件不变,可求得漏电设备对地电压为 0.44V、流过人体的电流为 0.22mA。显然,这一电流不会对人身构成危险。

这就是说,保护接地的作用是当设备金属外壳意外带电时,将其对地电压限制在规定的安全范围以内,消除或减小电击的危险。保护接地还能等化导体间电位,防止导体间产生危险的电位差,保护接地还能消除感应电的危险。

(二)保护接地应用范围

保护接地适用于各种不接地配电网,包括低压不接地配电网(如井下配电网)和高压不接地配电网,还包括不接地直流配电网。在这些电网中,凡由于绝缘损坏或其他原因而可能带危险电压的正常不带电金属部分,除另有规定外,均应接地。应当接地具体部位是:

(1)电动机、变压器、开关设备、照明器具、移动式电气设备的金属外壳或金属构架。
(2)0Ⅰ类和Ⅰ类电动工具或民用电器的金属外壳。
(3)配电装置的金属构架、控制台的金属框架及靠近带电部分的金属遮栏和金属门。
(4)配线的金属管。
(5)电气设备的传动装置。
(6)电缆金属接头盒、金属外皮和金属支架。
(7)架空线路的金属杆塔。
(8)电压互感器和电流互感器的二次线圈。

直接安装在已接地金属底座、框架、支架等设施上的电气设备的金属外壳一般不必另行接地;有木质、沥青等高阻导电地面,无裸露接地导体,而且干燥的房间,额定电压为交流 380V 和直流 440V 及以下的电气设备的金属外壳一般也不必接地;安装在木结构或木杆塔上的电气设备的金属外壳一般也不必接地。

(三)接地电阻允许值

对于低压配电网,电气设备的保护接地电阻不超过 4Ω;如配电容量在 100kV·A 以下,电气设备的保护接地电阻不超过 10Ω。对高压电气设备规定了较高的保护接地电阻允许值,并限制故障持续时间。各种保护接地电阻允许值见表 4-7。在高土壤电阻率地区,接地电阻允许适当提高,但必须符合专业标准。

表 4-7 保护接地电阻允许值

设备类别	接地电阻,Ω	备注
低压电气设备	4	电源容量≥100kV·A
	10	电源容量<100kV·A

在不接地配电网中,即使每一用电设备都有合格的保护接地,但各自的接地装置是互相独立的,情况又如何呢?如图4-5所示,当发生双重故障,两台设备不同相漏电时,两台设备之间的电压为线电压,两台设备对地电压也很大。这种状态是十分危险的。如果像图中虚线那样,进行等电位联结,即将两台设备接在一起(或将其接地装置联成整体),则在双重故障的情况下,相间短路电流将促使短路保护装置动作,迅速切断两台设备或其中一台设备的电源,以保证安全。如确有困难,不能实现等电位联结,则应安装漏电保护装置。

二、TT 系统

图4-6所示的配电网俗称三相四线配电网。这种配电网引出三条相线(L_1、L_2、L_3线)和一条中性线(N 线,工作零线)。在这种低压中性点直接接地的配电网中,如电气设备金属外壳未采取任何安全措施,则当外壳故障带电时,故障电流将沿低阻值的低压工作接地(配电系统接地)构成回路。由于工作接地的接地电阻很小,设备外壳将带有接近相电压的故障对地电压,电击的危险性很大。因此,必须采取间接接触电击防护措施。

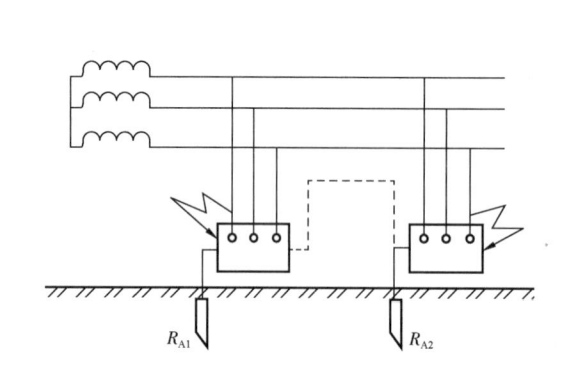

图4-5 IT 系统的等电位联结　　图4-6 TT 系统

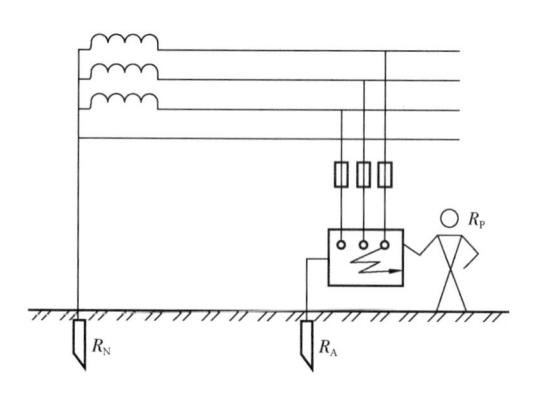

(一) TT 系统限压原理

TT 系统是电源系统有一点直接接地,设备外露导电部分的接地与电源系统的接地电气上无关的系统。前后两个字母"T"分别表示配电网中性点和电气设备金属外壳接地。典型 TT 系统如图4-5所示。在这种系统中,当某一相线直接连接设备金属外壳时,其对地电压为:

$$U_E = \frac{R_A}{R_N + R_A} U$$

式中　R_N——工作接地的接地电阻。

该电压低于相电压,但由于 R_A 与 R_N 同在一个数量级,所以几乎不可能被限制在安全范围内。对于一般的过电流保护,实现速断是不可能的。因此,一般情况下不能采用 TT 系统。如确有困难,不得不采用 TT 系统,则必须将故障持续时间限制在允许范围内。

(二) TT 系统速断条件

在 TT 系统中,可装设剩余电流保护装置或其他装置限制故障持续时间。

三、TN 系统

TN 系统是应用最多的配电防护方式。

(一) TN 系统安全原理

TN 系统是电源系统有一点直接接地,负载设备的外露导电部分通过保护导体连接到此接地点的系统,即采取接零措施的系统。字母"T"和"N"分别表示配电网中性点直接接地和电气设备金属外壳接零。设备金属外壳与保护零线连接的方式称为保护接零。

典型的 TN 系统如图 4-7 所示。在这种系统中,当某一相线直接连接设备金属外壳时,即形成单相短路。短路电流促使线路上的短路保护装置迅速动作,在规定时间内将故障设备断开电源,消除电击危险。

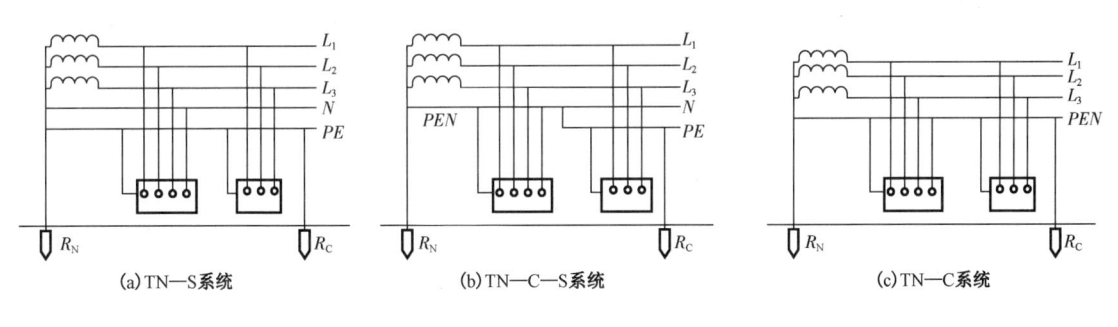

图 4-7 TN 系统
(a) TN—S 系统　(b) TN—C—S 系统　(c) TN—C 系统

(二) TN 系统种类及应用

如图 4-7 所示,TN 系统有三种类型,即 TN—S 系统、TN—C—S 系统和 TN—C 系统。其中,TN—S 系统是有专用保护零线(PE 线),即保护零线与工作零线(N 线)完全分开的系统;爆炸危险性较大或安全要求较高的场所应采用 TN—S 系统。TN—C—S 系统是干线部分保护零线与工作零线前部共用(构成 PEN 线),后部分开的系统。低电进线的车间以及民用楼房可采用 TN—C—S 系统。TN—C 系统是干线部分保护零线与工作零线完全共用的系统,用于无爆炸危险和安全条件较好的场所。

由同一台变压器供电的配电网中,不允许一部分电气设备采用保护接地而另一部分电气设备采用保护接零,即一般不允许同时采用 TN 系统和 TT 系统的混合运行方式。图 4-8 表示的就是这种系统。在这种情况下,当接地的设备相线碰连金属外壳时,该设备和零线(包括所有接零设备)将带有如下危险的对地电压:

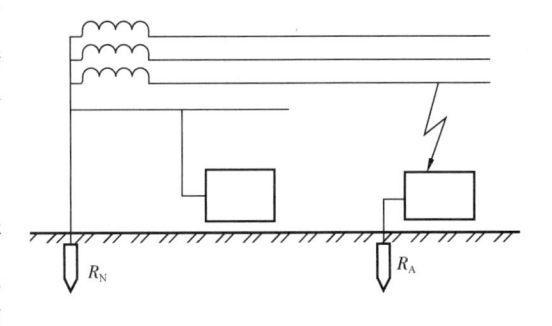

图 4-8 混合系统

$$U_E = \frac{R_A}{R_N + R_A}U \text{ 和 } U_{PE} = U - U_E = \frac{R_N}{R_N + R_A}U$$

这两个电压都可能给人以致命的电击。而且,由于故障电流是不太大的接地电流,一般的过电流保护不能实现速断,危险状态将长时间存在。因此,这种混合运行方式一般是不允许的。

(三)过电流保护装置的特性

1. 熔断器保护特性

在小接地短路电流系统(接地短路电流不超过500A)中采用熔断器作短路保护时,要求:

$$I_{SS} \geq 4I_{FU}$$

式中　I_{SS}——单相短路电流;
　　　I_{FU}——熔体额定电流。

当符合上述条件时,市场上国产低压熔断器的熔断时间多在5~10s之间。

2. 断路器保护特性

在小接地短路电流系统中采用低压断路器作短路保护时,要求:

$$I_{SS} \geq 1.5I_{QF}$$

式中　I_{QF}——低压断路器瞬时动作或短延时动作过电流脱扣器的整定电流。

由于继电保护装置动作很快,故障持续时间一般不超过0.1~0.4s。

3. 单相短路电流

单相短路电流是保护接零设计和安全评价的基本要素。如有充分的资料,稳态单相短路电流I_{SS}可按下式计算:

$$I_{SS} = \frac{U}{Z_L + Z_{PE} + Z_E + Z_T}$$

式中　U——相电压;
　　　Z_L——相线阻抗;
　　　Z_{PE}——保护零线阻抗;
　　　Z_E——回路中电气元件阻抗;
　　　Z_T——变压器计算阻抗。

(四)重复接地

TN系统中,保护中性导体上一处或多处通过接地装置与大地再次连接的接地,称为重复接地。图4-9中的R_C即重复接地。图4-10也为线路重复接地。

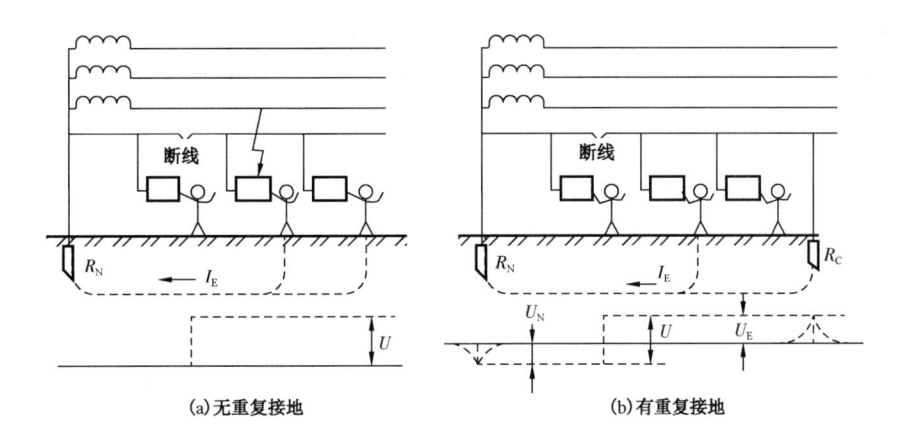

图 4-9 零线断线与设备漏电

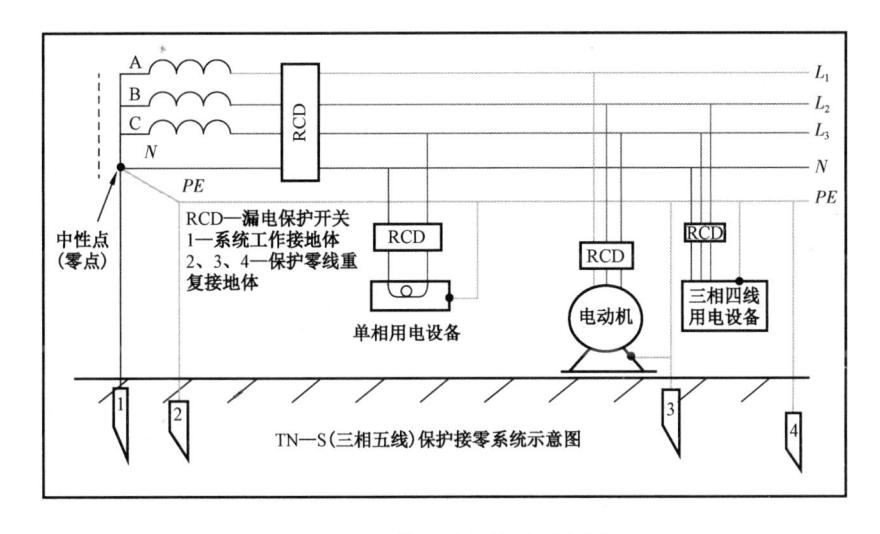

图 4-10 线路重复接地示意图

1. 重复接地的作用

重复接地有以下作用：

(1) 减轻 PE 线或 PEN 线意外断线或接触不良时接零设备上电击的危险性。当 PE 线或 PEN 线断开时，如像图 4-9(a) 所示的那样，断线后方某接零设备漏电但断线后方无重复接地，则断线后方的零线及其所有接零设备都带有将近相电压的对地电压，电击危险性极大。如像图 4-9(b) 那样，断线后方某接零设备漏电但断线后方有重复接地，则断线后方的零线及接零设备和断线前方的零线及接零设备分别带有如下的对地电压：

$$U_E = \frac{R_C}{R_N + R_C} U \text{ 和 } U_N = U - U_E = \frac{R_N}{R_N + R_C} U$$

这两个电压虽然都可能是危险电压，但毕竟都远远低于相电压，总的危险程度得以降低。

再讨论保护线断开、没有设备漏电，但断线后方有不平衡负荷的情况。为简明起见，设第

1、2两相未带负荷,仅第3相带有负荷。在没有重复接地的情况下,如图4-11(a)所示,断开处后方的零线及其上所有接零设备对地电压为:

$$U_E = \frac{R_P}{R_N + R_P + R_L}U$$

式中　R_N、R_P和R_L——分别为工作接地电阻、人体电阻和负载电阻;
　　　U——相电压。

如已知$U=220\text{V}$、$R_N=4\Omega$、$R_P=1500\Omega$、$R_L=484\Omega$(相应的额定功率为400W),可按上式求得$U_E=116\text{V}$。显然,电击危险性很大。而且不平衡负荷越大,这一故障电压越高,电击的危险性越大。在有重复接地的情况下,如图4-11(b)所示,断开处后方的零线及其上所有接零设备对地电压为:

$$U_E = \frac{R_C}{R_N + R_C + R_L}U$$

式中　R_C——重复接地电阻。

如已知$R_C=10\Omega$,其他条件不变按上式可求得故障对地电压降低为$U_E=4.4\text{V}$。显然,故障电压将大幅度降低,电击的危险性大大减小或消除。

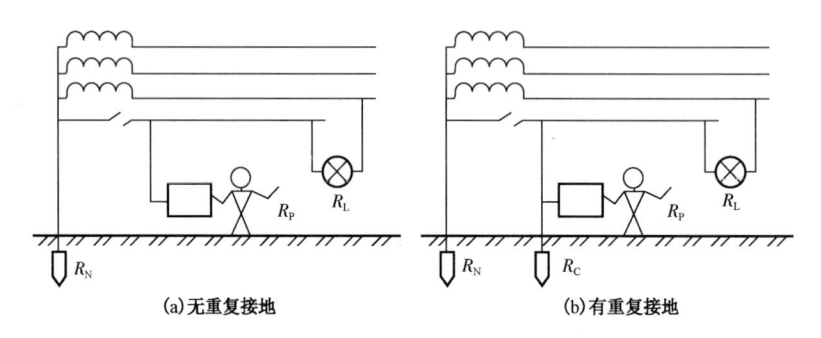

图4-11　零线断线与不平衡负荷

(2)减轻PEN线断线时负载中性点"漂移"。如图4-12所示。可能会烧毁设备。

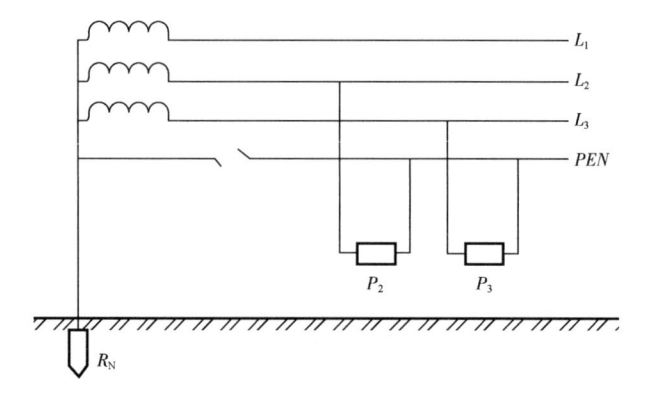

图4-12　TN—C系统的零线断线

(3)进一步降低故障持续时间内意外带电设备的对地电压。

(4)缩短漏电故障持续时间。由于重复接地在短路电流返回的途径上增加了一条并联支路,可增大单相短路电流,缩短漏电故障持续时间。

(5)改善架空线路的防雷性能。由于重复接地对雷电流起分流作用,可降低雷击过电压,改善架空线路的防雷性能。

2. 重复接地的要求

以下处所应装设重复接地:

(1)架空线路干线和分支线的终端、沿线路每1km处、分支线长度超过200m分支处;

(2)线路引入车间及大型建筑物的第1面配电装置处(进户处);

(3)采用金属管配线时,金属管与保护零线连接后做重复接地;采用塑料管配线时,另行敷设保护零线并做重复接地。

当工作接地电阻不超过4Ω时,每处重复接地电阻不得超过10Ω;当允许工作接地电阻不超过10Ω时,允许重复接地电阻不超过30Ω,但不得少于3处。

(五)工作接地

工作接地(或称配电系统接地)是指在TN—C系统和TN—C—S系统中,为了使电路或设备达到运行要求,变压器或发电机低压中性点的接地。

工作接地的作用是保持系统电位的稳定性。

当配电网一相故障接地时,工作接地也有抑制电压升高的作用。如没有工作接地,发生一相接地故障时,中性线对地电压可上升到接近相电压、另两相对地电压可上升到接近线电压(在特殊情况下可达到更高的数值)。如有工作接地,由于接地故障电流经工作接地成回路,对地电压的"漂移"受到抑制(参见图4-13),在线电压0.4kV的配电网中,中性线对地电压一般不超过50V、另两相对地电压一般不超过250V。

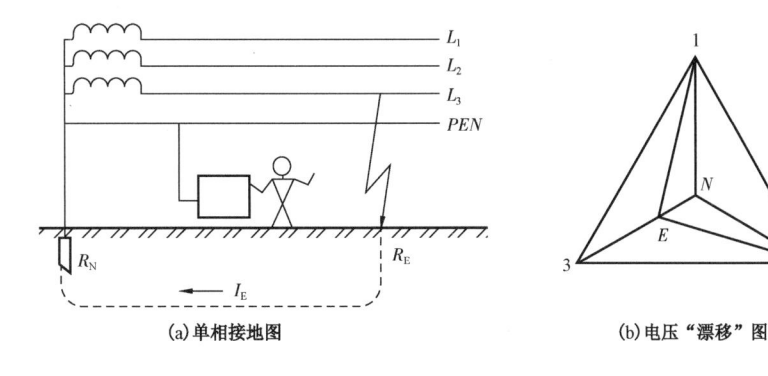

图4-13 接地电网电压"漂移"图

工作接地与变压器外壳的接地、避雷器的接地是共用的,并称为"三位一体"接地。其接地电阻应根据三者中要求最高的确定。工作接地的接地电阻不超过4Ω。在高土壤电阻率地区,允许放宽至不超过10Ω。

四、接地装置

(一) 接地装置安全要点

接地装置由接地体(极)和接地线组成。接地体分为自然接地体和人工接地体；相应地，接地线也分为自然接地线和人工接地线。

1. 自然导体的利用

用于其他目的,埋设在地下的金属管道(有可燃或爆炸性介质的除外)、金属井管、与大地有可靠连接的建筑物及构筑物的金属结构、水工构筑物及类似构筑物的金属桩等自然接地体均可用作接地体。

建筑物的金属结构(梁、桩等)及设计规定的混凝土结构内部的钢筋、生产用的金属结构(起重机轨道、配电装置的外壳、走廊、平台、电梯竖井、起重机与升降机的构架、运输皮带的钢梁、电除尘器的构架等)、配线的钢管、电缆的金属构架及铅、铝包皮(通讯电缆除外)等均可用作自然接地线。不流经可燃液体或气体的金属管道可用作低压设备接地线。

利用水管作自然接地体或自然接地线时,必须取得主管部门同意,并应考虑到非导体段存在和接触不良的可能性,凡接触不可靠处应加跨接线；检修时有电气工作人员配合,切断水管前应先做好跨接线。

利用自然导体作接地体和接地线不但可以节省钢材和施工费用,还可以降低接地电阻和等化地面及设备间电位。如果有条件,应当优先利用自然导体作接地体和接地线。

2. 接地装置的材料

人工接地体可采用钢管、角钢、圆钢或废钢铁等材料制成。按照机械强度的要求,钢质接地体和接地线的最小尺寸见表4-8；铜、铝接地线只能用于地面以上,其最小尺寸见表4-9。

表4-8 钢质接地体和接地线的最小尺寸

材料种类		地上		地下	
		室内	室外	交流	直流
圆钢直径,mm		6	8	10	12
扁钢	截面,mm²	60	100	100	100
	厚度,mm	3	4	4	6
角钢厚度,mm		2	2.5	4	6
钢管壁厚,mm		2.5	2.5	3.5	4.5

表4-9 铜、铝接地线的最小尺寸

材料种类	铜,mm²	铝,mm²
明设的裸导线	4	6
绝缘导线	1.5	2.5
电缆接地芯或与相线包在同一保护套内的多芯导线的接地芯	1	1.5

对于接地电流较大的接地装置,应就其表面积和截面积按规定进行热稳定校验。图4-14为常见接地体。

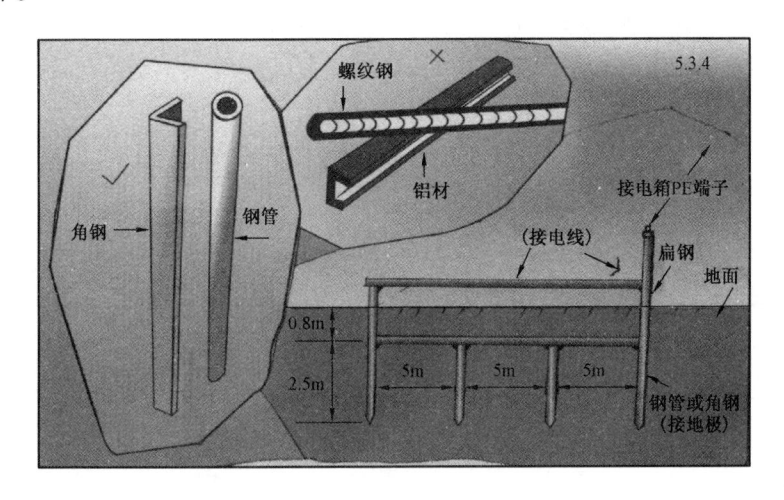

图4-14 常见接地体

3.接地体安装

人工接地体宜采用垂直接地体,多岩石地区可采用水平接地体。接地体的平面布置如图4-15和图4-16所示。

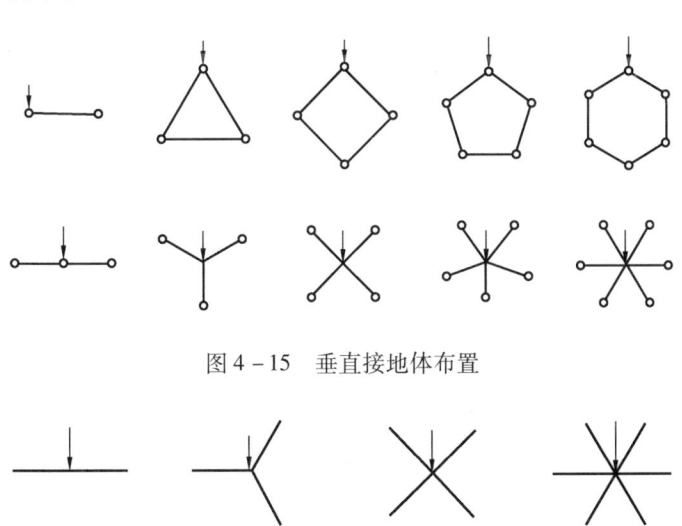

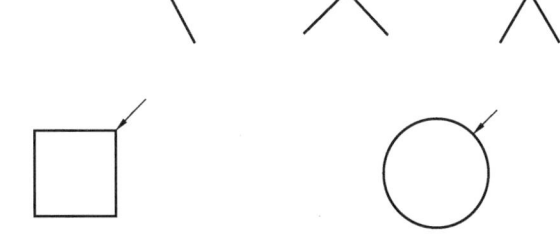

图4-15 垂直接地体布置

图4-16 水平接地体布置

典型角钢垂直接地体的安装如图4-17所示。每一垂直接地体的垂直元件(钢管、角钢、圆钢)不得少于2根。接地体上端离地面深度不应小于0.6m(农田地带不应小于1m),并应在冰冻层以下。垂直接地体长度可取2~2.5m;相邻垂直接地体之间的距离可取其长度的2倍左右。接地体的引出导体应引出地面0.3m以上。接地体离独立避雷针接地体之间的地下距离不得小于3m;离建筑物墙基之间的地下距离不得小于1.5m。

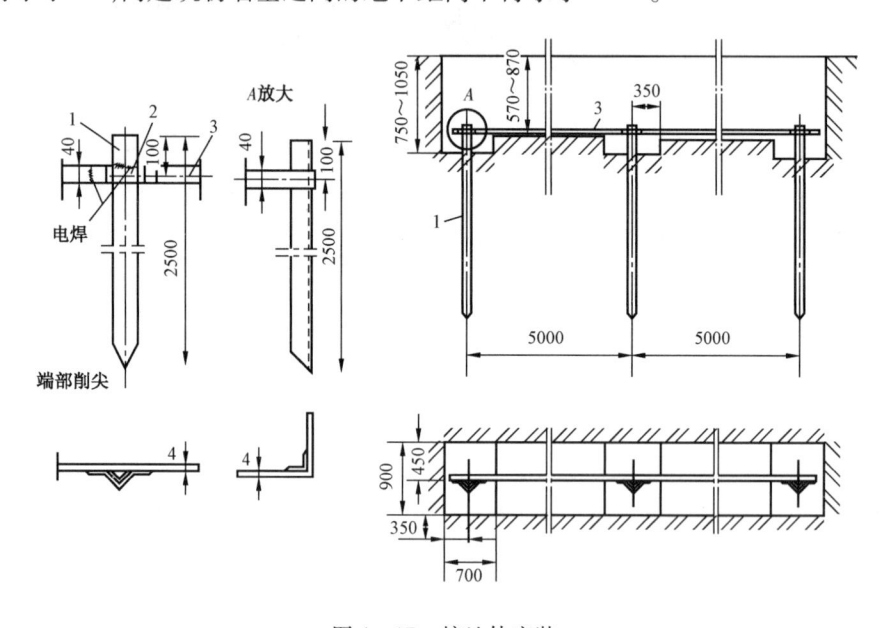

图4-17 接地体安装

4. 接地装置的连接

接地装置地上部分可采用螺纹连接,螺纹连接应采取防松、防锈措施。接地装置地下部分必须焊接(熔焊),焊接不得有虚焊,圆钢搭焊长度不得小于圆钢直径的6倍,并应两边施焊;扁钢搭焊长度不得小于扁钢宽度的2倍,并应三边施焊。交叉焊接处应加焊包板。扁钢与钢管焊接时,应将扁钢弯成圆弧形或直角形,或借助圆弧形或直角形包板与钢管焊接。

5. 接地装置保护

在有腐蚀性的土壤中,对接地装置应采取防腐蚀措施。人工接地体周围不应堆放有强烈腐蚀性的物质。为防止腐蚀,接地体最好采用镀锌元件,焊接处涂沥青油防腐,明设的接地线应涂漆防腐。接地线应尽量安装在不易受到机械损伤的地方,并应在便于检查的明显处。接地线与铁路或公路交叉时,应穿管或用角钢保护。

(二)接地电阻测量

1. 测量仪表及原理

接地电阻一般用接地电阻测量仪测定。常见接地电阻测量仪的自备电源是手摇发电机,也有的是电子交流电源。接地电阻测量仪的主要附件是3条测量电线和两支测量电极。接地电阻测量仪有C_1、P_1、P_2、C_2四个接线端子或E、P、C三个接线端子。测量时,在离被测接地体一定的距离向地下打入电流极和电压极;将 C_2、P_2 端并接后或将 E 端接于被测接地体、将 P_1 端或 P 端接于电压极、将 C_1 端或 C 端接于电流极;选好倍率,以 120r/min 左右的转速不停地摇动摇把或接通电源,同时调节电位器旋钮至仪表指针稳定地指在中心位置时,可以从刻度盘读数;将读数乘以倍率即得被测接地电阻值。

2. 测量方法和注意问题

应用接地电阻测量仪测量接地电阻应当注意以下问题:

(1)先检查接地电阻测量仪及其附件是否完好;必要时作一下短路校零实验,以检验仪表的误差。

(2)对于与配电网有导电性连接的接地装置,测量前最好与配电网断开,以保证测量的准确性,并防止将测量电源反馈到配电网上造成其他危险。

(3)正确接线。外部接线图如图 4-18 所示。

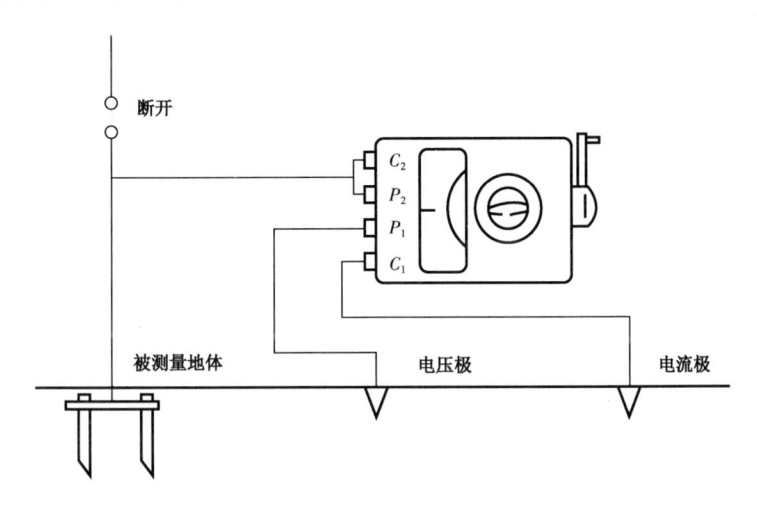

图 4-18 接地电阻测量仪测量接线图

(4)接好线后,水平放置仪表,并选择适当的倍率,以提高测量精度。随后,即可开始测量。

(5)测量连线应避免与邻近的架空线平行,防止感应电压的危险。

(6)测量距离应选择适当,以提高测量的准确性。如测量电极直线排列,对于单一垂直接地体或占地面积很小的复合接地体,电流极与被测接地体之间的距离可取 40m,电压极与被测接地体之间的距离可取 20m;对于占地面积较大的网络接地体,电流极与被测接地体之间的距离可取为接地网对角线的 2~3 倍,电压极与被测接地体之间的距离可取为电流极与被测接地体之间的距离的 50%、60%。

(7)测量电极的排列应避免与地下金属管道平行,以保证测量结果的真实性。

(8)雨天一般不应测量接地电阻,雷雨天不得测量防雷装置的接地电阻。

(9)如被测接地电阻很小,且测量连接线较长,应将 C_1 与 P_2 分开,分别引出连线接向被测接地体,以减小测量误差。

(三) 接地装置检查和维护

1. 接地装置定期检查周期

(1) 变、配电站接地装置每年检查一次,并于干燥季节每年测量一次接地电阻。
(2) 车间电气设备的接地装置每两年检查一次,并于干燥季节每年测量一次接地电阻。
(3) 防雷接地装置每年雨季前检查一次,避雷针的接地装置每 5 年测量一次接地电阻。
(4) 手持电动工具的接零线或接地线每次使用前进行检查。
(5) 有腐蚀性的土壤内的接地装置每五年局部挖开检查一次。

2. 接地装置定期检查的主要内容

(1) 检查各部连接是否牢固、有无松动、有无脱焊、有无严重锈蚀。
(2) 检查接零线、接地线有无机械损伤或化学腐蚀、涂漆有无脱落。
(3) 检查人工接地体周围有无堆放强烈腐蚀性物质。
(4) 检查地面以下 50cm 以内接地线的腐蚀和锈蚀情况。
(5) 测量接地电阻是否合格。

3. 接地装置的维修

在下列情况下,应对接地装置进行维修。
(1) 焊接连接处开焊。
(2) 螺纹连接处松动。
(3) 接地线有机械损伤、断股或有严重锈蚀、腐蚀;锈蚀或腐蚀 30% 以上者应予更换。
(4) 接地体(极)露出地面。
(5) 接地电阻超过规定值。

五、保护导体

(一) 保护导体安全要点

1. 自然导体的利用

凡可用作接地线的自然导体均可用作保护导体。

2. 人工保护导体

这里所说的人工保护导体不包括 PEN 线。人工导体应尽量靠近相线敷设。典型人工保护导体的布置如图 4-19 所示。保护干线宜采用 $25mm \times 4mm$ 扁钢沿车间四周安装,离地面高度为 200mm、与墙之间的距离为 15mm。多芯电缆的芯线、与相线同一护套内的绝缘线或裸线均可用作保护支线。

3. 连续性

保护导体各部必须连接牢固、接触良好,PE 线和 PEN 线上不应装设单极开关或熔断器。

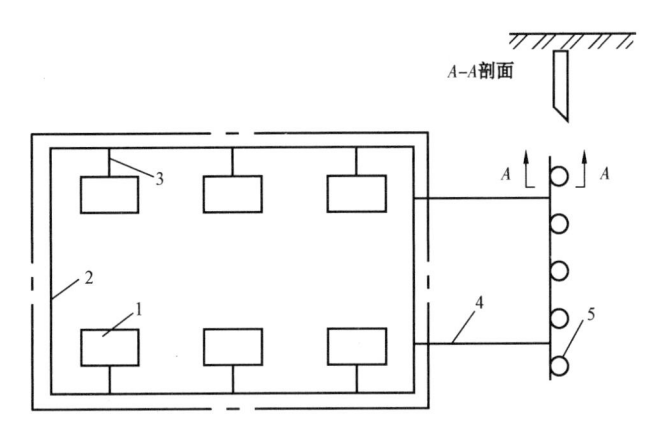

图 4-19 人工保护导体(线)
1—电气设备;2—保护干线;3—保护支线;4—接地线;5—接地体

4. 最小截面

当保护线与相线材料相同时,如相线截面积为 S,则干线部分保护线最小截面积 S_{PE} 应满足以下要求:

$$S_{PE} = S \quad (S \leq 16\text{mm}^2)$$

$$S_{PE} = 16\text{mm}^2 \quad (16\text{mm}^2 < S \leq 35\text{mm}^2)$$

$$S_{PE} = S/2 \quad (S > 35\text{mm}^2)$$

如支线部分保护线采用绝缘铜线,有机械保护时最小截面积为 2.5mm^2;无机械保护时最小截面积为 4mm^2。手持电动工具的保护线应采用 $0.75 \sim 1.5\text{mm}^2$ 的多股软铜线。

5. 安装和连接

变压器中性点引出的保护导体可直接接向保护干线(PE 干线)。用自然导体作保护零线时,自然导体与相线之间的距离不得太大。不能仅用电缆的金属包皮作为保护线,而应再敷设一条 20mm×4mm 的扁钢。PE 线和 PEN 线上均不得装设开关或熔断器,一般也不得接入电器的动作线圈。各设备的保护线不得经设备本身串联,而应单独接向保护干线。保护线的连接处必须便于检查和测试(封装的除外)。可拆开接头必须用工具才能拆开。保护线应有防机械损伤和化学腐蚀的措施。

(二)等电位联结

等电位联结指保护导体与用于其他目的的不带电导体之间的联结(包括 IT 系统和 TT 系统中各用电设备金属外壳之间的联结)。等电位联结的组成如图 4-20 所示。图中,主接地端子与自然导体之间的联结称为总等电位联结;用电设备金属外壳与自然导体之间的联结为局部等电位联结。

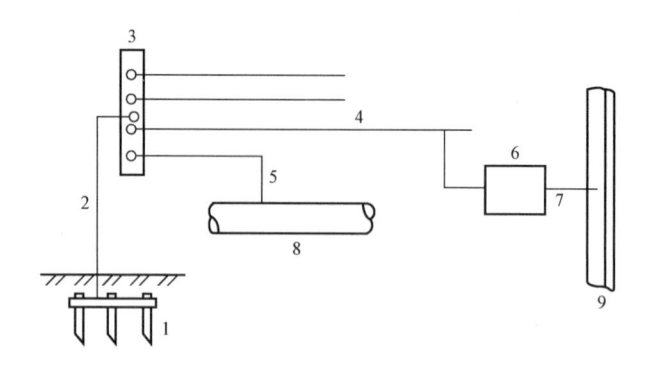

图 4-20　等电位联结

1—接地体；2—接地线；3—保护导体端子排；4—保护导体；5—主等电位联结导体；
6—装置外露导电部分；7—局部等电位联结导体；8—可联接的自然导体；9—装置以外的接零导体

主等电位联结导体的最小截面不得小于最大保护导体的 1/2，但不得小于 6mm²。局部等电位联结导体的最小截面亦不得小于相应保护导体的 1/2。两台设备之间。两台设备之间的等电位联结导体的最小截面不得小于两台设备保护导体中较小者的截面。

第三节　漏电保护装置

一、概述

漏电保护器或剩余电流动作保护器（英文缩写 RCD），是指利用电气线路或电气设备发生单相接地故障产生的剩余电流来切断故障线路或设备电源的保护电器。

（一）漏电保护器的分类

（1）按运行方式可分为：① 不需要辅助电源的 RCD；② 需要辅助电源的 RCD。

（2）按安装形式可分为：① 固定安装和固定接线的 RCD；② 带有电缆的可移动使用的 RCD（通过可移动的电缆接到电源上）。

（3）按极数可分为：单极二线 RCD、两极 RCD、两极三线 RCD、三极 RCD、三极四线 RCD、四极 RCD。

（4）按保护功能可分为：① 不带过载保护的 RCD；② 带过载保护的 RCD；③ 带短路保护的 RCD；④ 带过载和短路保护的 RCD。

RCD 的额定剩余不动作电流 $I_{\Delta NO}$ 的优选值为 $0.5I_{\Delta N}$，其中 $I_{\Delta N}$ 为额定剩余动作电流。如采用其他值时应大于 $0.5I_{\Delta N}$。

（5）按动作时间可分为：① 快速型 RCD；② 延时型 RCD。

（6）按额定剩余动作电流可调性可分为：① 额定剩余动作电流不可调的 RCD；② 额定剩余动作电流可调的 RCD。

在实际使用中，漏电保护器的比较元件有电磁式和电子式两大类，如图 4-21 和图 4-22 所示。图 4-23 为漏电断路器实物示意图。

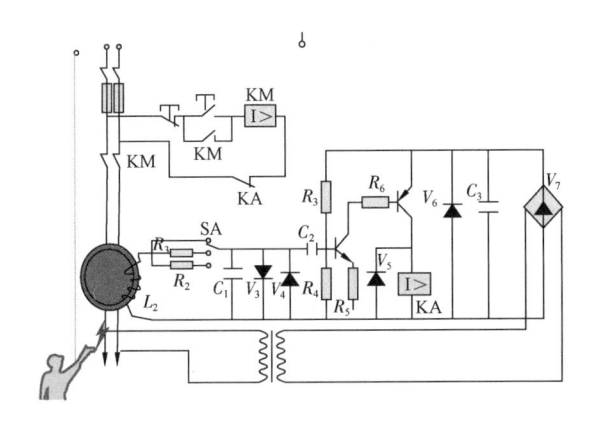

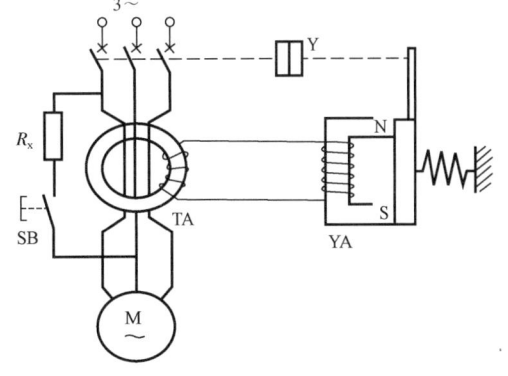

图 4-21 电子脱扣型漏电保护装置

图 4-22 电磁脱扣型漏电保护装置

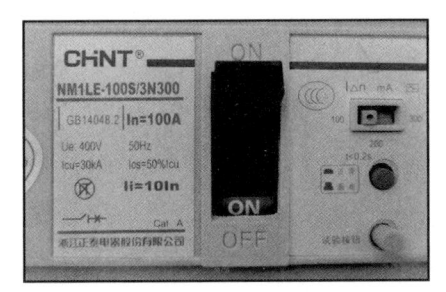

图 4-23 漏电断路器实物示意图

(二) 低压电网漏电保护装置的原理

目前,普遍使用剩余电流动作型 RCD 的原理方框图,如图 4-24 所示。

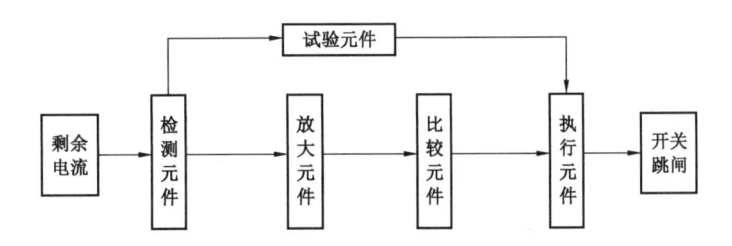

图 4-24 电流型 RCD 原理方框图

电流型 RCD 的工作原理如图 4-25 所示。在正常情况下,各相电流的相量和若不计及工作时的泄漏电流等于零。因此,各相电流在零序电流互感器铁芯中感应的磁通相量和也等于零,此时零序电流互感器的二次侧绕组无信号输出,开关不会动作,电源正常向负载供电。当发生接地故障时,或设备绝缘损坏漏电时,抑或人触及带电体时,由于主回路中各相电流的相量和不为零,故在零序电流互感器的环形铁芯中产生磁通,而在零序电流互感器二次侧绕组产生感应电压。当故障电流达到预定值时,二次侧绕组的感应电压使脱扣器线圈励磁,主开关跳闸,切断供电回路。

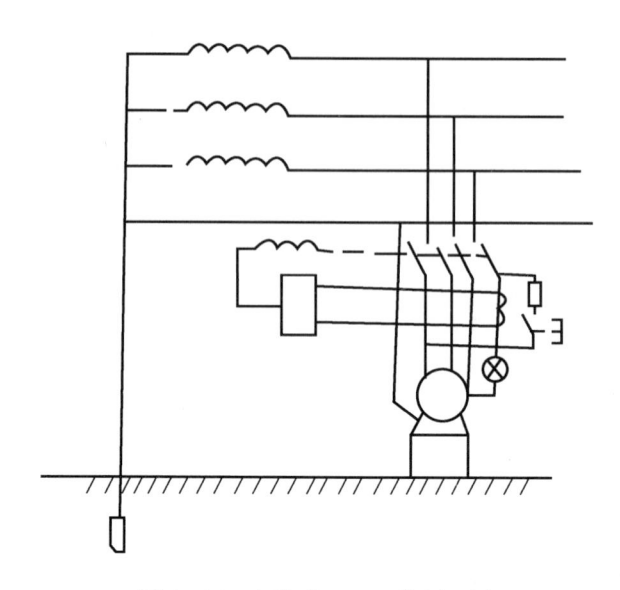

图 4-25　电流型 RCD 工作原理图

二、漏电保护方式

电流型 RCD 保护方式，通常有下列四种。

(1) 全网总保护。是指在低压电网电源处装设保护器，总保护有三种方式：

① 保护器安装在电源中性点接地线上；

② 保护器安装在总电源线上；

③ 保护器安装在各条引出干线上。

通常，对供电范围较大或有重要用户的低电电网，采用保护安装在各条引出干线上的总保护方式。

(2) 对于移动式电力设备，临时用电设备和用电的家庭，应安装末级保护。

(3) 较大低压电网的多级保护。随着用电的不断增长，较大低压电网单单采用总保护或末级保护方式，已不能满足对低压电网供电可靠性和安全用电的需要，因此，较大电网实行多级保护，图 4-26 所示为三级保护方式的配置图。

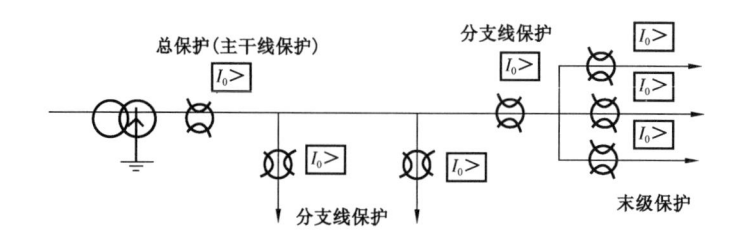

图 4-26　三级保护方式配置图

上述三种保护方式，漏电保护器动作后均自动切断供电电源。

(4) 对于保护器动作切断电源会造成事故或重大经济损失的用户，其低压电网的漏电保护可由用户申请，经供电企业批准，而采取漏电报警方式。此类单位应有固定值班人员，及时处理报警故障,并应加强绝缘监督,减少接地故障。

三、漏电保护装置的选用、安装使用及运行维护

(一)漏电保护装置选用

(1)漏电保护器设置的场所有:
① 手握式及移动式用电设备;
② 建筑施工工地的用电设备;
③ 用于环境特别恶劣或潮湿场所(如锅炉房、食堂、地下室及浴室)的电气设备;
④ 住宅建筑每户的进线开关或插座专用回路;
⑤ 由 TT 系统供电的用电设备;
⑥ 与人体直接接触的医用电气设备(但急救和手术用电设备等除外)。

(2)漏电保护装置的动作电流数值选择:
① 手握式用电设备为 15mA;
② 环境恶劣或潮湿场所用电设备为 6~10mA;
③ 医疗电气设备为 6mA;
④ 建筑施工工地的用电设备为 15~30mA;
⑤ 家用电器回路为 30mA;
⑥ 成套开关柜、分配电盘等为 100mA 以上;
⑦ 防止电气火灾为 300mA。

(3)根据安装地点的实际情况,可选用的型式有:
① 漏电继电器,可与交流接触器、断路器构成漏电保护装置,主要用作总保护。
② 漏电开关,将零序电流互感器、漏电脱扣器和低压断路器组装在一个绝缘外壳中,故障时可直接切断供电电源。因此末级保护方式中,多采用漏电开关。
③ 漏电插座是把漏电开关和插座组合在一起的漏电保护装置,特别适用于移动设备和家用电器。

(4)根据使用目的由被保护回路的泄漏电流等因素确定。一般 RCD 的功能是提供间接接触保护。若作直接接触保护,则要求 $I_{\Delta N} \leqslant 30\mathrm{mA}$,且其动作时间 $t \leqslant 0.1\mathrm{s}$。因此根据使用目的不同,在选择 RCD 动作特性时要有所区别。

此外,在选用时,还必须考虑到被保护回路正常的泄漏电流,如果 RCD 的 $I_{\Delta N}$ 小于正常的泄漏电流,或者正常泄漏电流大于 $50\% I_{\Delta N}$,则供电回路将无法正常运行,即使能投入运行也会因误动作而破坏供电的可靠性。

(二)漏电保护装置安装使用

(1)安装前必须检查漏电保护器的额定电压、额定电流、短路通断能力、漏电动作电流、漏电不动作电流以及漏电动作时间等是否符合要求。

(2)漏电保护器安装接线时,需分清相线和零线。

(3)对带短路保护的漏电保护器,在分断短路电流时,位于电源侧的排气孔往往有电弧喷出,故应在安装时保证电弧喷出方向有足够的飞弧距离。

(4)漏电保护器的安装应尽量远离磁体和电流很大的载流导体。

(5)对施工现场开关箱里使用的漏电保护器须采用防溅型。

(6)漏电保护器后面的工作零线不能重复接地。

(7)采用分级漏电保护系统和分支线漏电保护的线路,每一分支线路必须有自己的工作零线;上下级漏电保护器的额定漏电动作电流与漏电时间均应做到相互配合,额定漏电动作电流级差通常为1.2~2.5倍,时间级差0.1~0.2s。

(8)工作零线不能就近接线,单相负荷不能在漏电保护器两端跨接。

(9)照明以及其他单相用电负荷要均匀分布到三相电源线上,偏差大时要及时调整,力求使各相漏电电流大致相等。

(10)漏电保护器安装后应进行试验,试验有:① 用试验按钮试验3次,均应正确动作;② 带负荷分合交流接触器或开关3次,不应误动作;③每相分别用3kΩ试验电阻接地试跳,应可靠动作。

(三)漏电保护装置运行维护

由于漏电保护器是涉及人身安全的重要电气产品,因此在日常工作中要按照国家有关漏电保护器运行的规定,做好运行维护工作,发现问题要及时处理。

(1)漏电保护器投入运行后,应每年对保护系统进行一次普查,普查重点项目有:① 测试漏电动作电流值是否符合规定;② 测量电网和设备的绝缘电阻;③ 测量中性点漏电流,消除电网中的各种漏电隐患;④ 检查变压器和电机接地装置有无松动和接触不良。

(2)电工每月至少对保护器用试跳器试验一次,每当雷击或其他原因使保护器动作后,应作一次试验。雷雨季节需增加试验次数。停用的保护器使用前应试验 次。

(3)保护器动作后,若经检查未发现事故点,允许试送电一次。如果再次动作,应查明原因,找出故障,不得连续强送电。

(4)严禁私自撤除保护器或强迫送电。

(5)漏电保护器故障后要及时更换,并由专业人员修理。

(6)在保护范围内发生人身触电伤亡事故,应检查保护器动作情况,分析未能起到保护作用的原因,在未调查前要保护好现场,不得改动保护器。

第四节 安全电压和电气隔离

把可能加在人身上的电压限制在某一范围之内,使得在这种电压下,通过人体的电流不超过允许的范围,这一电压就叫做安全电压,也叫做安全特低电压。应当指出,任何情况下都不要把安全电压理解为绝对没有危险的电压。具有安全电压的设备属于Ⅲ类设备。

一、安全电压限值和额定值

(一)限值

限值为任何运行情况下,任何两导体间不可能出现的最高电压值。我国标准规定工频电压有效值的限值为50V、直流电压的限值为120V。

一般情况下,人体允许电流可按摆脱电流考虑;在装有防止电击的速断保护装置的场合,人体允许电流可按30mA考虑。我国规定工频电压50V的限值是根据人体允许电流30mA和人体电阻1700Ω的条件确定的。

(二) 额定值

我国规定工频有效值的额定值有42V、36V、24V、12V和6V。特别危险环境中使用的手持电动工具应采用42V安全电压;有电击危险环境中使用的手持照明灯和局部照明灯应采用36V或24V安全电压;金属容器内、特别潮湿处等特别危险环境中使用的手持照明灯应采用12V安全电压;水下作业等场所应采用6V安全电压。当电气设备采用24V以上安全电压时,必须采取直接接触电击的防护措施。

二、安全电压电源和回路配置

(一) 安全电源

通常采用安全隔离变压器作为安全电压的电源。其接线如4-27所示。除隔离变压器外,具有同等隔离能力的发电机、蓄电池、电子装置等均可做成安全电压电源。但不论采用什么电源,安全电压边均应与高压边保持加强绝缘的水平。

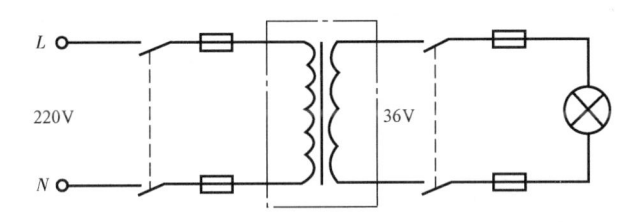

图4-27 安全隔离变压器接线图

(二) 回路配置

安全电压回路的带电部分必须与较高电压的回路保持电气隔离,并不得与大地、保护导体或其他电气回路连接,但变压器一次与二次之间的屏蔽隔离层应按规定接地或接零。如变压器不具备加强绝缘的结构,二次边宜接地或接零,以减轻一次与二次短接的危险。对于普通绝缘的电源变压器,一次线长度不得超过3m,并不得带入金属容器内使用。

安全电压的配线最好与其他电压等级的配线分开敷设。否则,其绝缘水平应与共同敷设的其他较高电压等级配线的绝缘水平一致。

(三) 插座

安全电压的设备的插座不得带有接零或接地的插孔。为了保证不与其他电压的插座有插错的可能,安全电压应采用不同结构的插座,或者在其插座上有明显的标志。

(四) 短路保护

为了进行短路保护,安全电压电源的一次边、二次边均应装设熔断器。变压器的过流保护装置应有足够的容量。

三、电气隔离

电气隔离是采用电压比为1∶1,即一次边、二次边电压相等的隔离变压器,实现工作回路与其他回路电气上的隔离。

(一)电气隔离安全原理

如图4-28所示,电气隔离安全实质是将接地的电网转换成一范围很小的不接地电网。在正常时情况下,图中 a、b 两人的遭遇是大不相同的。由于 N 线(或 PEN 线)是直接接地的,流经 a 的电流将沿系统的工作接地和重复接地成回路,a 的危险性很大;而流经 b 的电流只能沿绝缘电阻和分布电容构成回路,电击危险性可以得到控制。

(二)电气隔离的安全条件

应用电气隔离须满足以下安全条件:

(1)隔离变压器必须具有加强绝缘的结构,其温升和绝缘电阻要求与安全隔离变压器相同,这种隔离变压器还应符合下列要求:

① 最大容量单相变压器不得超过 25kV·A,三相变压器不得超过 40kV·A;

② 空载输出电压交流不应超过 1000V。

③ 除另有规定外,输出绕组不应与壳体相连;输入绕组不应与输出绕组相连;绕组结构应能防止出现上述连接的可能性。

④ 电源开关应采用全极开关,触头开距应大于 3mm;输出插座应能防止不同电压的插销插入;固定式变压器输入回路不得采用插接件;移动式变压器可带有 2~4m 电源线。

(2)二次边保持独立,即不接大地,不接保护导体,不接其他电气回路。如图4-29所示,如果变压器的二次边接地,则当有人在二次边单相电击时,电流很容易流经人体和二次边接地点构成回路。因此,凡采用电气隔离作为安全措施者,还必须有防止二次回路故障接地及窜入其他回路的措施。因为一旦二次边发生接地故障,这种措施将完全失去安全作用。对于二次边回路线路较长者,还应装设绝缘监视装置。

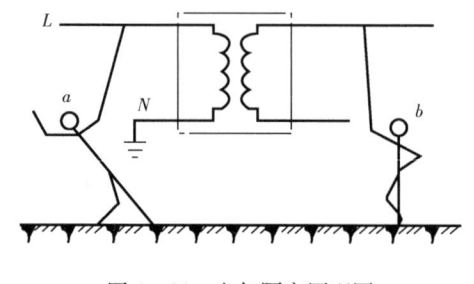

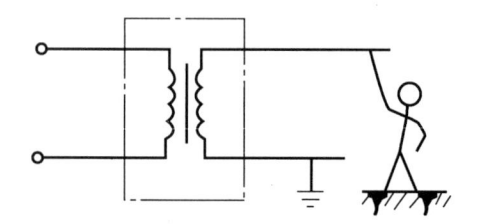

图4-28 电气隔离原理图　　图4-29 变压器二次边接地的危险

(3)二次边线路电压过高或副边线路过长,都会降低回路对地绝缘水平,增大故障接地的危险,并增大故障接地电流。因此,必须限制电源电压和二次边线路的长度。按照规定,应保证电源电压 $U \leq 500\text{V}$、线路长度 $L \leq 200\text{m}$、电压与长度的乘积 $UL \leq 100000\text{V}\cdot\text{m}$。

四、等电位联结

图 4-30 中的虚线是等电位联结线。如果没有等电位联结线,当隔离回路中两台相距较近的设备发生不同相线的碰壳故障时,这两台设备的外壳将带有不同的对地电压。如果有人同时触及这两台设备,则接触电压为线电压,电击危险性极大。因此,如隔离回路带有多台用电设备(或器具),则各台设备(或器具)的金属外壳应采取等电位联结措施。

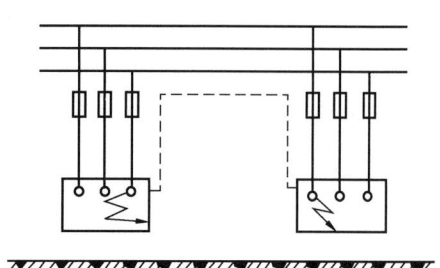

图 4-30 电气隔离的等电位联结

第五章 电气防火防爆

电气火灾和爆炸事故往往造成人身伤亡和设备毁坏。本章将介绍电气防火、防爆的基本知识。

第一节 电气火灾与爆炸的原因

电流产生的热量和火花或电弧是电气火灾与爆炸的直接原因。

一、电气设备过热

电气设备过热主要是由电流产生的热量造成的。

电气设备运行时总是要发热的，但是，设计正确、施工正确以及运行正常的电气设备，其最高温度和其与周围环境温度之差（即最高温升）都不会超过某一允许范围。

裸导线和塑料绝缘线的最高温度一般不超过70℃；橡胶绝缘线的最高温度一般不得超过65℃；变压器的上层油温不得超过85℃；电力电容器外壳温度不得超过65℃；电动机定子绕组的最高温度，对应于所采用的 A 级、E 级和 B 级绝缘材料分别为 95℃、105℃和110℃，定子铁芯分别是100℃、115℃和120℃等。

但当电气设备的正常运行遭到破坏时，发热量增加，温度升高，在一定条件下，可能引起火灾。

引起电气设备过热的不正常运行大体包括以下几种情况：

1. 短路

发生短路时，线路中的电流增加为正常时的几倍甚至几十倍，而产生的热量又和电流的平方成正比，使得温度急剧上升，大大超过允许范围。如果温度达到可燃物的自燃点，即引起燃烧，从而导致火灾。

短路的原因：电气设备的绝缘老化变质，受到高温、潮湿或腐蚀的作用，受到机械损伤，遭遇雷击等过电压，以及接线和操作的错误，都可能造成短路事故。

2. 过载

过载会引起电气设备发热，造成过载的原因大体上有以下两种情况。一是设计时选用线路或设备不合理，以至于在额定负载下产生过热。二是使用不合理，即线路或设备的负载超过额定值，或者连续使用时间过长，超过线路或设备的设计能力。

3. 接触不良

接触部分是电路中的薄弱环节，是发生过热的一个重点部位。主要原因有：接头连接不牢、焊接不良或接头处混有杂质，闸刀开关的触头、接触器的触头、插式熔断器（插保险）的触头、插销的触头等活动触头没有足够的接触压力或接触表面粗糙不平，都会增加接触电阻而导致接头过热。

对于铜铝接头,由于铜和铝电特性不同,接头处易因电解作用而腐蚀,从而导致接头过热。

4. 铁芯发热

变压器、电动机等设备的铁芯,如铁芯绝缘损坏或承受长时间过电压,涡流损耗和磁滞损耗将增加而使设备过热。

5. 散热不良

各种电气设备在设计和安装时都考虑有一定的散热或通风措施,如果这些措施受到破坏,就会造成设备过热。

此外,电炉等直接利用电流的热量进行工作的电气设备,工作温度都比较高,如安置或使用不当,均可能引起火灾。

二、电火花和电弧

电火花是电极间的击穿放电,电弧是大量的电火花汇集而成的。

一般电火花的温度都很高,特别是电弧,温度可高达6000℃,因此,电火花和电弧不仅能引起可燃物燃烧,还能使金属熔化、飞溅,构成危险的火源。在有爆炸危险的场所,电火花和电弧更是引起火灾和爆炸的一个十分危险的因素。

在生产和生活中,电火花是经常见到的。电火花大体包括工作火花和事故火花两类。

工作火花是指电气设备正常工作时或正常操作过程中产生的火花。

事故火花是线路或设备发生故障时出现的火花。

此外,电动机转子和定子发生摩擦(扫膛)或风扇与其他部件相碰也都会产生火花,这是由碰撞引起的机械性质的火花。

第二节　危险物质、危险环境

一、危险物质

(一)危险物质的定义

指在大气条件下,能与空气混合形成爆炸性混合物的气体、蒸气、薄雾、粉尘或纤维。所谓爆炸性混合物,是指一经点燃,即在充有混合物的范围内能极为迅速地传播燃烧的混合物。

(二)危险物质的分类

这类爆炸危险物质分为三类:Ⅰ类指矿井甲烷;Ⅱ类指爆炸性气体、蒸气、薄雾;Ⅲ类指爆炸性粉尘、纤维。

(三)危险物质的性能参数

闪点指在规定条件下,易燃液体能释放出足够的蒸气并在液面上方与空气形成爆炸性混合物,点火时能发生闪燃(一闪即灭)的最低温度。

燃点指物质在空气中点火时发生燃烧,移去火源仍能继续燃烧的最低温度。

引燃温度又称自燃点或自燃温度,是在规定条件下,可燃物质不需外来火源即发生燃烧的最低温度。

爆炸极限通常指爆炸浓度极限。该极限是指在一定的温度和压力下,气体、蒸气、薄雾或粉尘、纤维与空气形成的能够被引燃并传播火焰的浓度范围。该范围的最低浓度称为爆炸下限,最高浓度称为爆炸上限。汽油的爆炸极限为 1.4% ~ 7.6%、乙炔的为 1.5% ~ 82%(以上均为体积浓度);炭黑粉体的爆炸极限为 36 ~ 45g/m³ 等。

最小点燃电流比是在规定试验条件下,气体、蒸气爆炸性混合物的最小点燃电流与甲烷爆炸性混合物的最小点燃电流之比。最大试验安全间隙是在规定试验条件下,两个径长 25mm 的间隙连通的容器,一个容器内燃爆时不致引起另一个容器内燃爆的最大连通间隙。气体、蒸气危险物质按最小点燃电流比和最大试验安全间隙分为 3 级。其分级见表 5-1。

表 5-1 爆炸性气体的分类、分级、分组

类和级	最大试验安全间隙 MESG, mm	最小点燃电流比 MICR	引燃温度及组别,℃					
			T_1	T_2	T_3	T_4	T_5	T_6
			$t>450$	$300<t\leq450$	$200<t\leq300$	$135<t\leq200$	$100<t\leq135$	$85<t\leq100$
Ⅰ	1.14	1.0	甲烷					
ⅡA	3.9 ~ 1.14	0.8 ~ 1.0	乙烷、丙烷、丙酮、氯苯、苯乙烯、氯乙烯、甲苯、苯胺、甲醇、一氧化碳、乙酸乙酯、乙酸、丙烯腈	丁烷、乙醇、丙烯、丁醇、乙酸丁酯、乙酸戊酯、乙酸酐	戊烷、己烷、庚烷、癸烷、辛烷、汽油、硫化氢、环己烷	乙醚、乙醛		亚硝酸乙酯
ⅡB	0.5 ~ 0.9	0.45 ~ 0.8	二甲醚、民用煤气、环丙烷	环氧乙烷、环氧丙烷、丁二烯、乙烯	异戊二烯			
ⅡC	≤0.5	≤0.45	水煤气、氢、焦炉煤气	乙炔			二硫化碳	硝酸乙酯

气体、蒸气危险物质按引燃温度分为 T_1、T_2、T_3、T_4、T_5 和 T_6 组;按最小点燃电流比和最大试验安全间隙分为ⅡA、ⅡB 和ⅡC 级。

二、危险环境

(一)气体、蒸气爆炸危险环境

根据爆炸性气体混合物出现的频繁程度和持续时间将此类危险环境分为 0 区、1 区和 2 区。

(1)0区(0级危险区域):指正常运行时连续出现或长时间出现或短时间频繁出现爆炸性气体、蒸气或薄雾的区域。

(2)1区(1级危险区域):指正常运行时预计周期性出现或偶然出现爆炸性气体、蒸气或薄雾的区域。

(3)2区(2级危险区域):指正常运行时不出现,即使出现也只是短时间偶然出现爆炸性气体、蒸气或薄雾的区域。

(二)粉尘、纤维爆炸危险环境

根据爆炸性混合出现的频繁程度和持续时间将此类危险环境分为10区和11区。

(1)10区(10级危险区域)指正常运行时连续或长时间或短时间频繁出现爆炸性粉尘、纤维的区域。

(2)11区(11级危险区域)指正常运行时不出现,仅在不正常运行时短时间偶然出现爆炸性粉尘、纤维的区域。

第三节 现场防爆设备设施

一、防爆电气设备和防爆电气线路

(一)防爆电气设备

爆炸危险环境使用的电气设备,结构上应能防止由于在使用中产生火花、电弧或危险温度成为安装地点爆炸性混合物的引燃源。

1. 防爆电气设备类型及结构特征

(1)隔爆型电气设备是具有能承受内部的爆炸性混合物爆炸而不致受到损坏,而且内部爆炸不致通过外壳上任何结合面或结构孔洞引起外部混合物爆炸的电气设备。隔爆型电气设备的外壳用钢板、铸钢、铝合金、灰铸铁等材料制成。

(2)增安型电气设备是在正常时不产生火花、电弧或高温的设备上采取措施以提高安全程度的电气设备。其绝缘带电部件的外壳防护不得低于IP44;其裸露带电部件的外壳防护不得低于IP54。

(3)充油型电气设备是将可能产生电火花、电弧或危险温度的带电零部件浸在绝缘油里,使之不能点燃油面上方爆炸性混合物的电气设备。充油型设备外壳上应有排气孔,孔内不得有杂物;油量必须充足,最低油面以下油面深度不得小于25mm。

(4)充砂型电气设备是将细粒状物料充入设备外壳内,令壳内出现的电弧、火焰传播、壳壁温度或粒料表面温度不能点燃壳外爆炸性混合物的电气设备。充砂型设备的外壳应有足够的机械强度,其防护不得低于IP44。

(5)本质安全型电气设备是正常状态下和故障状态下产生的火花或热效应均不能点燃爆炸性混合物的电气设备。

(6)正压型电气设备是向外壳内充入带正压的清洁空气、惰性气体或连续通入清洁空气以阻止爆炸性混合物进入外壳内的电气设备。正压型设备分为通风、充气、气密等三种型式。保护气体可以是空气、氮气,或其他非可燃气体。其外壳防护不得低于 IP44。其出风口气压或充气气压不得低于 196Pa。

(7) 无火花型电气设备是在防止危险温度、外壳防护、防冲击、防机械火花、防电缆事故等方面采取措施,以提高安全程度的电气设备。

(8) 浇封型电气设备是一种将整台设备或部分浇封在浇封剂中,在正常运行和认可的过载或认可的故障下不能点燃周围的爆炸性混合物的电气设备。

(9) 特殊型电气设备是上述各种类型以外的或由上述两种以上形式组合成的电气设备。

图 5-1 为防爆设施。

防爆配电箱　　　　　　防爆插头

图 5-1　防爆设施

2. 防爆型电气设备的标志

设备名牌的右上方应有明显的"E_x"标志,表明该电气设备具有防爆性质,防爆电气设备的类型和标志见表 5-2。

表 5-2　防爆电气设备的类型和标志

类型	隔爆型	增安型	本安型	正压型	油浸型	充砂型	浇封型	无火花型	特殊型
标志	d	e	ia 和 ib	p	o	q	m	n	s

3. 防爆电气设备选用

应当根据安装地点的危险等级、危险物质的组别和级别、电气设备的种类和使用条件选用爆炸危险环境的电气设备。所选用电气设备的组别和级别不应低于该环境中危险物质的组别和级别。当存在两种以上危险物质时,应按危险程度较高的危险物质选用。

在爆炸危险环境,应尽量少用或不用携带式电气设备,应尽量少安装插销座。

(二) 防爆电气线路

在爆炸危险环境和火灾危险环境,电气线路的安装位置、敷设方式、导线材质、连接方法等均应与区域危险等级相适应。

爆炸危险环境的电气线路要求:

(1)位置:电气线路应当敷设在爆炸危险性较小或距离释放源较远的位置。电气线路宜沿有爆炸危险的建筑物的外墙敷设;当爆炸危险气体或蒸气比空气重时,电气线路应在高处敷设,电缆则直接埋地敷设或电缆充砂敷设;当爆炸危险气体或蒸气比空气轻时,电气线路宜敷设在低处,电缆则采取电缆沟敷设。

10kV 及 10kV 以下的架空线路不得跨越爆炸危险环境;当架空线路与爆炸危险环境邻近时,其间距离不得小于杆塔高度的 1.5 倍。

(2)配线方式:爆炸危险环境主要采用防爆钢管配线和电缆配线。固定敷设的电力电缆应采用铠装电缆。但下列情况可采用非铠装电缆:

① 采用能防止机械损伤的电缆槽板、托盘或槽盒敷设的 2 区明设的塑料护套电缆;

② 当可燃气体或蒸气比空气轻且电气线路不会受鼠、虫等损害时,2 区电缆沟内敷设的电缆;

③ 11 区内明设时的电缆;

④ 10 区和 11 区在封闭电缆沟内敷设的电缆。

采用非铠装电缆应考虑机械防护,非固定敷设的电缆应采用非燃性橡胶护套电缆。

(3)导线材料:1 区和 10 区所有电气线路应采用截面积不小于 2.5mm² 的铜芯导线;2 区动力线路应采用截面积不小于 1.5mm² 的铜芯导线或截面积不小于 4mm² 的铝芯导线;2 区照明线路和 11 区所有电气线路应采用截面积不小于 1.5mm² 的铜导线或截面积不小于 2.5mm² 的铝芯导线。

爆炸危险环境宜采用交联聚乙烯、聚乙烯、降氯乙烯或合成橡胶绝缘及有护套的电线。爆炸危险环境宜采用有耐热、阻燃、耐腐蚀绝缘的电缆,不宜采用油浸纸绝缘电缆。

工作零线应与相线有同样的绝缘能力,并应在同一护套内。

对于爆炸危险环境中的移动式设备,1 区和 10 区应采用重型电缆,2 区和 11 区应采用中型电缆。

(4)连接爆炸危险环境的电气线路不得有非防爆型中间接头。1 区、10 区应采用隔爆型线盒,2 区、11 区可采用增安型乃至防尘型接线盒。

爆炸危险环境电气配线与电气设备的连接必须符合防爆要求,连接处应用密封圈密封或浇封。

爆炸危险环境采用铝芯导线时,必须采用压接或熔焊;铜、铝连接处必须采用铜铝过渡接头。

电缆线路不应有中间接头。

采用钢管配线时,螺纹连接一般不得少于 6 扣。为了防腐蚀,钢管连接的螺纹部分应涂以铅油或磷化膏。

(5)允许载流量:导线允许载流量不应小于熔断器熔体额定电流和断路器长延时过电流脱扣器整定电流的 1.25 倍或电动机额定电流的 1.25 倍。

(6)隔离和密封敷设电气线路的沟道以及保护管、电缆或钢管在穿过爆炸危险环境等级不同的区域之间的隔墙或楼板时,应用非燃性材料严密堵塞。

二、防爆安全要求

(一)消除或减少爆炸性混合物

消除或减少爆炸性混合物包括采取封闭式作业,防止爆炸性混合物泄漏;清理现场积尘、防止爆炸性混合物积累;设计正压室,防止爆炸性混合物侵入有引燃源的区域;采取开式作业或通风措施,稀释爆炸性混合物;在危险空间充填惰性气体或不活泼气体,防止形成爆炸性混合物;安装报警装置,当混合物中危险物品的浓度达到其爆炸下限的10%时采取报警等措施。

(二)隔离和间距

危险性大的设备应分室安装,并在隔墙上采取封堵措施。电动机隔墙传动、照明灯隔玻璃窗照明等都属于隔离措施。变、配电室与爆炸危险环境或火灾危险环境毗连时,隔墙应用非燃性材料制成;孔洞、沟道应用非燃性材料严密堵塞;门、窗应开向无爆炸或火灾危险的场所。

电气装置,特别是高压、充油的电气装置应与爆炸危险区域保持规定的安全距离。变、配电站不应设在容易沉积可燃粉尘或可燃纤维的地方。

(三)消除引燃源

主要包括以下措施:

(1)按爆炸危险环境的特征和危险物的级别、组别选用电气设备和设计电气线路。

(2)保持电气设备和电气线路安全运行。安全运行包括电流、电压、温升和温度不超过允许范围,包括绝缘良好、连接和接触良好、整体完好无损、清洁、标志清晰等。

(四)爆炸危险环境接地

爆炸危险环境接地应注意以下几点:

(1)应将所有不带电金属物件做等电位联结。从防止电击考虑不需接地(接零)者,在爆炸危险环境仍应接地(接零)。例如,在非爆炸危险环境,干燥条件下交流电压127V以下的电气设备允许不采取接地或接零措施,而在爆炸危险环境,这些设备仍应接地或接零。

(2)应采用TN—S系统,不得采用TN—C系统。即在爆炸危险环境应将保护零线与工作零线分开。保护导线的最小截面,铜导体不得小于4mm^2、钢导体不得小于6mm^2。

(3)如低压由不接地系统配电,应采用IT系统,并装有一相接地时或严重漏电时能自动切断电源的保护装置或能发出声、光双重信号的报警装置。

三、石油作业井场防爆要求

防爆区域的划分标准执行SY/T 10041—2002《石油设施电气设备安装一级一类和二类区域划分的推荐作法》的规定。

距井口30m以内电气设备防爆标准的选择执行以下的规定。

(一)钻井司钻房电气设备

(1)房内电器柜、台等采取正压防爆型式,并引入洁净和安全的气源。

(2)房内顶驱普通操作台和HMI(人机界面)操作台等应采用正压防爆,并引入洁净和安全的气源。

(3)房内电控触摸屏、顶驱触摸屏、钻井参数显示屏、工业电视监视屏等应为本安防爆型。

(4)房内电子防碰显示设备应为防爆型。

(5)房内照明灯具应为防爆型。

(6)房内空调及照明开关等均为防爆型,并采用电缆穿管敷设。

(7)司钻房各种外部电源防爆接插件选用无火花防爆型接插件。

(8)司钻房信号接插件可选用防爆接插件。

(9)房内电气设备外壳应统一接到司钻房局部等位联结端子上,再统一与井场总等电位联结母线连接。

(二)绞车和转盘电动机

(1)电动机位于 API 一级 1 类以外及 API 一级 2 类以内区域时,其风机应为防爆型,且风机进气口应位于 API 一级 2 类以外区域。

(2)电动机整体采用正压防爆型式或达到正压防爆效果,电动机外壳防护等级 IP44。气源应为安全洁净的空气。

(三)综合录井房

综合录井房布置在距井口 25m 以内时,应使用正压型防爆综合录井房。

(四)压风机房/发电房

(1)照明应采用防爆灯具,穿管敷设电缆。

(2)电线敷设应满足防爆要求,一般不允许有中间接头。如果使用中因电缆损坏,需要中间接头,应对中间接头进行环氧树脂密封和热缩管保护处理,或采用其他符合要求的措施。

(3)照明控制应采用防爆照明开关。

(4)发电房应距井口 30m 以上。

(五)VFD/MCC 房

(1)出线柜快速接插件应采用防爆型。

(2)现场总线连接应采用防爆接插件。

(六)井场照明设备的防爆等级

1. 井场照明防爆荧光灯具

(1)防爆型式为复合防爆,即灯具增安壳内行程开关、电子镇流器及灯管均为防爆型电子元件。

(2)增安型防爆灯具布置在 API 一级 2 类区域或不分类区域。

(3)隔爆型防爆灯具布置在 API 一级 1 类、2 类和不分类区域。

(4)增安型灯具的气体组别不低于 ⅡC,温度组别不低于 T5。

(5)隔爆型灯具的气体组别不低于 ⅡB,温度组别不低于 T4。

2. 井场投光灯具

防爆型式为隔爆或增安。

（七）井场防爆盒、箱

1. 平盖接线盒

（1）用于接线用的平盖防爆分线盒应采用隔爆型，用于穿线用的平盖穿线盒可采用增安型或隔爆型。

（2）防爆区域内用于防爆型防雷器的防爆盒，应为隔爆型。

2. 井场防爆箱

（1）防爆箱包括各种接插箱、控制箱、离心机变频控制箱、振动筛电控箱、盘刹电控箱、阀岛电控箱、顶驱控制箱以及各种操作控制箱等。

（2）防爆箱的防爆型式应满足相应防爆区域的防爆要求。

（3）API 一级 1 类区域应采用隔爆型或本安型防爆箱。

（4）API 一级 2 类区域可选用隔爆型、增安型（复合）、正压型等防爆箱，正压型防爆箱应引入洁净安全的气源。

（5）防爆箱的气体组别和温度组别及外壳防护等级应满足防爆要求。

第六章 防雷与防静电

雷电和静电都是相对于观察者静止的电荷聚集的结果,放电主要危害都是引起火灾和爆炸等。但雷电与静电电荷产生和聚集的方式不同、存在的空间不同、放电能量相差甚远、防护措施也有很多不同之处。本章将分别介绍雷电和静电的特点和防护技术。

第一节 雷电的危害及防雷装置

一、雷电的种类及危害

(一)种类

按照雷电的危害方式分类:

(1)直击雷:大气中带有电荷的雷云对地电压可高达几亿伏。当雷云同地面凸出物之间的电场强度达到空气击穿的强度时,会发生激烈放电,并出现闪电和雷鸣的现象称为直击雷。

(2)感应雷:分静电感应和电磁感应两种。

(3)雷电浸入波:由于雷击,在架空线或空中金属管道上产生的冲击电压沿线路或管道迅速传播的雷电波。

按雷的形状分类:雷的形状有线形、片形和球形三种。

(二)雷电的危害

1. 电作用的破坏

雷电数十万伏至百万伏的冲击电压可能毁坏电气设备的绝缘,造成大面积、长时间停电。绝缘损坏引起的短路火花和雷电的放电火花可能引起火灾和爆炸事故。电器绝缘的损坏及巨大的雷电流流入地下,在电流通路上产生极高的对地电压和在流入点周围产生的强电场,还可能导致触电伤亡事故。

2. 热作用的破坏

巨大的雷电流通过导体,在极短的时间内转换成大量的热能,使金属熔化飞溅而引起火灾或爆炸。如果雷击发生在易燃物上,更容易引起火灾。

3. 机械作用的破坏

巨大的雷电流通过被击物时,瞬间产生大量的热,使被击物内部的水分或其他液体急剧气化,剧烈膨胀为大量气体,致使被击物破坏或爆炸。此外,静电作用力、电动力和雷击时的气浪也有一定的破坏作用。

上述破坏效应是综合出现的,其中以伴有的爆炸和火灾最严重。

二、防雷装置

避雷针、避雷线、避雷网、避雷带、避雷器都是经常采用的防雷装置。一套完整的防雷装置应由接闪器、引下线和接地装置三部分组成。

(一)接闪器

避雷针、避雷线、避雷带、避雷网以及建筑物的金属屋面(正常时能形成爆炸性混合物,电火花会引起爆炸的工业建筑物和构筑物的除外)均可作为接闪器。

接闪器所用材料的尺寸应能满足机械强度和耐腐蚀的要求,还要有足够的热稳定性,以能承受雷电流的热破坏作用。

避雷针、避雷网(或带)一般采用圆钢或扁钢制成,最小尺寸应符合表6-1的规定。

避雷线一般采用截面积不小于35mm^{2}的镀锌钢绞线。为防止腐蚀,接闪器应镀锌或涂漆;在腐蚀性较强的场所,还应适当加大其截面或采取其他防腐蚀措施。接闪器截面锈蚀30%以上时应更换。

表6-1 接闪器常用材料的最小尺寸

类别	规格	圆钢	钢管	扁钢	
		直径,mm	直径,mm	截面,mm^2	厚度,mm
避雷针	针长1m以下 针长1~2m 针在烟囱上方	12 16 20	20 25 —	— — —	— — —
避雷网(或带)	网格[a]6m×6m~10m×10m 网 (或带)在烟囱上方	8 12	— —	48 100	4 4

[a] 对于避雷带,应为邻带条之间的距离。

接闪器的保护范围可根据模拟实验及运行经验确定。由于雷电放电途径受很多因素的影响,要想保证被保护物绝对不遭受到雷击是很不容易的。一般要求保护范围内被击中的概率在0.1%以下即可。

1. 避雷针

避雷针一般用镀锌圆钢或镀锌焊接钢管制成,其长度在1.5m以上时,圆钢直径不得小于16mm,钢管直径不得小于25mm,管壁厚度不得小于2.75mm。当避雷针的长度在3m以上时,可将粗细不同的几节钢管焊接起来使用。避雷针下端要经引下线与接地装置焊接相联。如采用圆钢,引下线的直径不得小于8mm。如采用扁钢,其厚度不得小于4mm,截面积不得小于48mm。

避雷针的作用是将雷云放电的通路由原来可能向被保护物体发展的方向,吸引到避雷针本身,由它及与它相联的引下线和接地装置将雷电流泄放到大地中去,使被保护物体免受直接雷击。所以,避雷针实际上是引雷针,它把雷电波引来入地,从而保护其他物体。

2. 避雷网和避雷带

避雷网和避雷带可以采用镀锌圆钢或扁钢。圆钢直径不得小于8mm;扁钢厚度不得小于

4mm、截面积不小于48mm²。装设在烟囱上方时,圆钢直径不得小于12mm²;扁钢厚度不得小于4mm、截面积不小于100mm²。

(二) 避雷器

避雷器用来防止雷电产生的大气过电压(即高电位)沿线路侵入变、配电所或其他建筑物内,危害被保护设备的绝缘。避雷器应与被保护的设备并联,当线路上出现危及设备绝缘的过电压时,它就对地放电,从而保护了设备的绝缘。

避雷器的型式有阀型、排气式和保护间隙等。避雷器的连接如图6-1所示。

(三) 引下线

防雷装置的引下线应满足机械强度、耐腐蚀和热稳定的要求。一般采用圆钢或扁钢,其尺寸和腐蚀要求与避雷带相同。如用钢绞线,其截面不应小于25mm²。

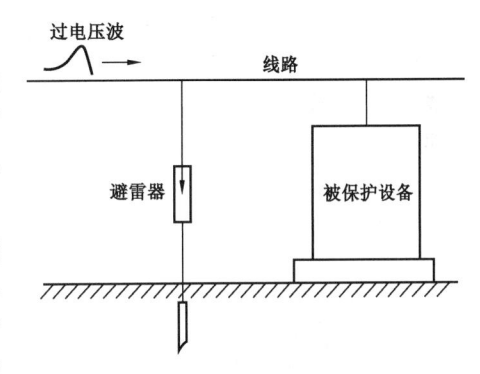

图6-1 避雷器的连接

引下线应沿建筑物外墙敷设,并经短途径接地;建筑有特殊要求时,可以暗设,但截面应加大一级。建筑物的金属构件(如消防梯等)可用作引下线,但所有金属构件之间均应连成电气通路。采用多根引下线时,为便于测量接地电阻和检验引下线、接地线的连接情况,应在各引下线距地高约1.8m处设置断接卡。在易受机械损坏的地方,地面1.7m至地面下0.3m的一段引下线和接地线应加竹管、角钢或钢管保护。采用角钢或钢管保护时,应与引下线连接起来,以减小通过雷电流时的阻抗。

(四) 接地装置

接地装置是防雷装置的重要组成部分,作用是向大地泄放雷电流,限制防雷装置的对地电压,使之不致过高。

防雷接地装置与一般接地装置的要求基本相同,但所用材料的最小尺寸应稍大于其他接地装置的最小尺寸。采用圆钢时最小直径为10mm,扁钢的最小厚度为4mm,最小截面为100mm,角钢的最小厚度为4mm,钢管最小壁厚为3.5mm。除独立避雷针外,在接地电阻满足要求的前提下,防雷接地装置可以和其他接地装置共用。

为了防止跨步电压伤人,防直击雷接地装置距建筑物出入口和人行道的距离不应小于3m,距电气设备接地装置要求在5m以上。其工频接地电阻一般不大于10Ω,如果防雷接地与保护接地合用接地装置时,接地电阻不应大于1Ω。

第二节 现场防雷设施

一、对现场防雷设施的要求

(1) 引下线的焊接、夹接、卷边压接、螺钉或螺栓等处,应保证金属各部件间保持良好的电气连接;明敷引下线应根据腐蚀环境条件选择材料(宜采用热镀锌圆钢或扁钢)。

(2)接地体的材料、结构和最小尺寸应符合要求;埋于土壤中的人工接地体应采用热镀锌角钢、钢管、圆钢或扁钢;区域内人工接地体的材料应采用同一材质。

二、现场危险区域防雷要求

1. 炉区

金属框架支撑的炉体,其框架应用连接件与接地装置相连;混凝土框架支撑的炉体,应在炉体的加强板(筋)类附件上焊接接地连件,引下线应采用沿柱明敷的金属导体或直径不小于10mm的柱内主钢筋;直接安装在地面上的小型炉子,应在炉体的加强板(筋)上焊接接地连件,接地线与接地连接件连接后,沿框架引下与接地装置相连;每台炉子应设至少两个接地点,且接地点间距不应大于18m,每根引下线的冲击接地电阻不应大于10Ω;炉子上的金属构件均应与炉子的框架做等电位连接。

2. 塔区

独立安装或安装在混凝土框架内、顶部高出框架的钢制塔体,其壁厚大于或等于4mm时,应以塔体本身作为接闪器;安装在塔顶或外侧上部突出的放空管均应处于接闪器的保护范围内;塔体作为接闪器时,接地点不应少于2处,并应沿塔体周边均匀布置,引下线的间距不应大于18m;每根引下线的冲击接地电阻不应大于10Ω。接地装置宜围绕塔体敷设成环形接地体。

3. 罐区

外浮顶油罐接地点沿罐壁周长的间距不得大于30m,罐体周边的接地点分布应均匀,其接地点不应少于两处;接地体距罐壁的距离应大于3m,冲击接地电阻不应大于10Ω;外浮顶油罐与罐区接地装置连接的接地线,应采用热镀锌扁钢时,规格应不小于4mm×40mm;引下线在距离地面0.3~1.0m之间装设断接卡,断接卡用2个M12不锈钢螺栓加防松垫片连接,接触电阻值不得大于0.03Ω。断接卡与引下线应裸露在储罐基础外侧。与金属储罐相接的电气、仪表配线应采用金属管屏蔽保护。

非金属储罐防雷设施要求:

(1)非金属储罐应装设独立避雷针(网)等防直击雷设备。

(2)独立避雷针与被保护物的水平距离不应小于3m,应设独立接地装置,其冲击接地电阻不应大于10Ω。

(3)非金属储罐应装设阻火器和呼吸阀。储罐的防护护栏、上罐梯、阻火器、呼吸阀、量油孔、透光孔、法兰等金属附件应接地,并应在防直击雷装置的保护范围内。

4. 可燃液体装卸站

露天装卸作业场所,可不装设接闪器,但应将金属构架接地;棚内装卸作业场所,应在棚顶装设接闪器;进入装卸站台的可燃液体输送管道应在进入点接地,冲击接地电阻不应大于10Ω;装卸油品的设备(包括钢轨、管路、鹤管、栈桥等)应作电气连接并接地,冲击接地电阻应不大于10Ω。

5. 框架、管架和管道

钢框架、管架应通过立柱与接地装置相连,接地点间距不大于18m。每组框架、管架的接地点不应少于2处;混凝土框架及管架上的爬梯、电缆支架、栏杆等钢制构件,应与接地装置直接连接或通过其他接地连接件进行连接,接地间距不应大于18m。

6. 管道的防雷设计

应符合下列规定:

(1)每根金属管道均应与已接地的管架做等电位连接,多根金属管道可互相连接后,再与已接地的管架做等电位连接。

(2)平行敷设的金属管道,其净间距小于100mm时,应每隔30m用金属线连接。管道交叉点净距小于100mm时,其交叉点应用金属线跨接。

(3)进、出生产装置的金属管道,在装置的外侧应接地,并应与电气设备的保护接地装置和防雷电感应的接地装置相连接。

(4)管路两端和每隔200~300m处,以及分支处、拐弯处均应有接地装置。接地点宜在管墩处,其冲击接地电阻不得大于10Ω。

(5)输油管路可用自身作接闪器,其弯头、阀门、金属法兰盘等连接处的过渡电阻大于0.03Ω时,连接处应用金属线跨接,连接处应压接接线端子。对于不少于五根螺栓连接的金属法兰盘,在非腐蚀环境下,可不跨接,但应构成电气通路。

第三节 静电的危害及防护措施

静电是相对静止的电荷,静电现象是一种常见的带电现象。

一、静电的产生

以下生产工艺过程都比较容易产生静电:

(1)固体物质大面积的摩擦。

(2)高电阻液体在管道中流动,液体喷出管口时,液体注入容器发生冲击、冲刷或飞溅时等。

(3)液化气体或压缩气体在管道中流动和由管口喷出时,如从气瓶放出压缩气体、喷漆等。

(4)固体物质的粉碎、研磨过程,悬浮粉尘的高速运动等。

(5)在混合器中搅拌各种高电阻物质,如纺织品的涂胶过程等。

二、静电的危害

静电的危害方式有以下三种类型:

(一)爆炸或火灾

爆炸和火灾是静电最大的危害。静电电量虽然不大,但因其电压很高而容易发生放电,产生静电火花。在具有可燃液体及爆炸性粉尘或爆炸性气体、蒸气的作业场所,可能由静电火花引起爆炸。

(二)电击

由于生产工艺过程中产生的静电能量很小,所以由此引起的电击不至于直接使人致命,但人体可能因电击坠落摔倒引起二次事故。

(三)妨碍生产

在某些生产过程中,如不清除静电,将会妨碍生产或降低产品质量。

三、消除静电危害的措施

清除静电危害的措施大致有:
(1)接地泄漏法。采取接地、增湿、加入抗静电添加剂等措施使静电电荷比较容易地泄漏、消散,以避免静电的积累。
(2)中和法。采用静电中和器或其他方式产生与原有静电极性相反的电荷,使原有静电得到中和而消除,避免静电的积累。
(3)工艺控制法。从材料选择、工艺设计、设备结构等方面采取措施,控制静电的产生,使之不超过危险程度。

(一)接地

接地是消除静电危害最简单的方法。接地主要用来消除导电体上的静电,不宜用来消除绝缘体上的静电。单纯为了消除导电体上的静电,接地电阻 100Ω 即可。

在有火灾和爆炸危险的场所,为了避免静电火花造成事故,应采取下列接地措施:
(1)凡用来加工、贮存、运输各种易燃液体、气体和粉体的设备、贮存池、贮存缸以及产品输送设备、封闭的运输装置、排注设备、混合器、过滤器、干燥器、升华器、吸附器等都必须接地。
(2)厂区及车间的氧气、乙炔等管道必须连接成一个连续的整体,并予以接地。其他所有能产生静电的管道和设备,如空气压缩机、通风装置和空气管道,特别是局部排风的空气管道,都必须连接成连续整体,并予以接地。如管道由非导电材料制成,应在管外或管内绕以金属丝,并将金属丝接地。非导电管道上的金属接头也必须接地。可能产生静电的管道两端和每隔 200~300m 外均应接地。平行管道相距 10cm 以内时,每隔 20m 应用连接线互相连接起来;管道与管道或管道与其他金属物件交叉或接近间距小于 10cm 时,也应互相连接起来。
(3)注油漏斗、浮动缸顶、工作站台等辅助设备或工具均应接地。
(4)汽车油槽车行驶时,由于汽车轮胎与路面有摩擦,汽车底盘上可能产生危险的静电电压。为了导走静电电荷,油槽车应带金属链条,链条的上端和油槽车底盘相连,另一端与大地接触。
(5)某些危险性较大的场所,为了使转轴可靠接地,可采用导电性润滑油或采用滑环、碳刷接地。

静电接地装置应当连接牢靠,并有足够的机械强度,可以同其他目的接地用一套接地装置。

(二)泄漏法

采取增湿措施和采用抗静电添加剂,促使静电电荷从绝缘体上自行消散,这种方法称为泄漏法。

1. 增湿

增湿就是提高空气的湿度。从消除静电危害的角度考虑,保持相对湿度在 70% 以上较为适宜。

2. 加抗静电添加剂

抗静电添加剂是特制的辅助剂,用以加速静电电荷的泄放。

3. 采用导电材料或纸绝缘材料

采用金属工具代替绝缘工具;在绝缘材料制成的容器内层,衬以导电层或金属网络,并予以接地;采用导电橡胶代替普通橡胶等,都会加速静电电荷的泄漏。

(三)静电中和法

静电中和法是在静电电荷密集的地方设法产生相反电荷或带电离子,将该处静电电荷中和掉。主要有以下几种类型。

1. 感应中和器

感应中和器没有外加电源,一般由多组尾端接地的金属针及其支架组成。设备简易,作用范围小,消除静电不够彻底。

2. 外接电源中和器

这种中和器由外加电源产生电场,当带有静电的生产物料通过该电场区域时,其上电荷发生定向移动而被中和泄放。

3. 放射线中和器

这种中和器是利用放射性同位素的射线使空气电离,进而中和泄放生产物料上积累的静电电荷。

4. 离子风中和法

这种方法是把经过电离的空气,即所谓离子风,送到带有静电的物料中以消除静电。这种方法作用范围较大,但必须有离子风源设备。

(四)工艺控制法

在工艺上,采用适当措施,限制静电的产生,控制静电电荷的积累。例如:
(1)用齿轮传动代替皮带传动,除去产生静电的根源。
(2)降低液体、气体或粉体的流速,限制静电的产生。烃类油料在管道中的最大流速,可参考表 6-2 所列的数值。

表 6-2　管道中烃类油料的最高流速

管径,cm	1	2.5	5	10	20	40	60
最大流速,m/s	8	4.9	3.5	2.5	1.8	1.3	1.0

(3)倾倒和注入液体时,防止飞溅和冲击,最好自容器底部注入,在注油管口,可以加装分流头,降低管口附近油流上的静电,且减小对油面的冲击。

(4)设法使相互接触或摩擦的两种物质的电子逸出功大体相等,以限制电荷静电的产生等。

第四节　现场防静电要求

一、固体静电防护措施

(1)石油化工粉体料仓、设备、管道、管件及金属辅助设施应可靠接地。

(2)石油化工粉体料仓严禁有对地绝缘的金属构件和金属突出物等。

(3)石油化工粉体料仓的接地应包括消除作业者静电的接地措施和备用接地端子等。

(4)石油化工粉体料仓壁内表面应保持光滑。

(5)设备设施采取防静电措施,在下料口安装粉体静电消除器。

二、液体静电防护措施

(一)油品装卸作业时静电防护措施

(1)监督日常管线、设备的维护、检查和压力测试。

(2)检查操作规程、报警措施的制定并监督实施。

(3)监督检查对设备设施防静电接地和日常检查、维护情况。

(4)检查操作人员进行相关业务知识培训和作业程序的执行情况。

(5)监督对防静电材料的检查、正确使用防静电材料。

(6)监督在装卸油作业过程中,不准在作业场所进行与装卸油无关的可能产生静电危害的其他作业。

(7)装卸人员应穿着防静电工作服、防静电工作鞋,作业前应泄放人体静电。非本岗位人员禁止从事或参与装卸作业。

(8)装卸人员不应在装卸现场穿脱衣服、帽子或类似物。

(二)采样、检尺、测温作业时静电防护措施

(1)储罐在装卸液体石油产品作业后,均应经过一定的静置时间,方可进行检尺、测温、采样等作业。

(2)应使用防静电采样测温绳、防静电型检尺,作业时,绳、尺末端应可靠接地。

(3)装置、管道等处采用金属桶采样时,金属桶应接地;禁止使用化纤布擦拭采样器。

(三)吹扫和清洗作业时静电防护措施

(1)储罐清洗作业时,作业前,必须把引入储罐管线的喷嘴等金属部件做可靠电气连接并接地;风管、蒸汽胶管应采用能导出静电的材质,严禁使用绝缘管;当油气浓度超过爆炸下限值的10%时,严禁使用压缩空气、喷射蒸汽及高压水枪进行清洗作业;使用液体喷洗储罐或其他容器时,压力不得大于0.98MPa;严禁使用汽油、苯类等易燃溶剂对设备、器具进行吹扫和清洗。

(2)管线吹扫清洗作业时,蒸汽吹扫清洗轻质油品管线前,先用惰性气体或水(流速限制在1m/s以下)扫线,再用蒸汽吹洗;采用蒸汽进行吹扫和清洗时,受蒸汽喷洗的管线、导电物体均应与储罐或设施进行接地连接。蒸汽胶管必须是防静电材质,蒸汽管线前端金属头必须良好接地。

(四)加油站防静电措施

(1)加油站的钢油罐必须进行防雷防静电接地。

(2)加油站地上或管沟敷设的输油管线的始端、末端,应设防静电和防感应雷的接地装置。

(3)加油站的汽车油罐车卸油场地,应设置用于汽车油罐车卸油时的防静电接地装置,接地电阻不应大于10Ω。汽车油罐车在接地时,应采用电池夹头、鳄式夹钳、专用连接夹头、蝶式螺栓等可靠的连接器与接地支线、干线相连,不应采用缠绕等不可靠的方法连接。

(4)加油机的接地电阻不应大于4Ω。

(5)槽车卸油前静置时间不应小于15min。

(6)卸油软管应采用导电耐油胶管,胶管两端金属快接头应处于电气连通状态。

(7)禁止使用塑料桶装油。

(8)计量员上车计量时应泄放人体静电。

(9)加油员应按规定穿防静电工作服与防静电工作鞋。

(10)汽车加油时,加油枪应卡在油箱口处。

(11)金属油桶加油时,加油枪应卡在油桶金属壁上。

(12)自助加油机加油前,加油人员必须泄放人体静电。

(五)液体管道系统防静电措施

(1)管路系统的所有金属件,包括护套的金属覆层应接地。管路两端和每隔200～300m处,应有一处接地。当管路交叉间距小于10cm时,应相连接地。

(2)对金属管路中间的非导体管路段,除需做屏蔽保护外,两端金属管应分别与接地干线相接。非导体管路段上的金属件应跨接、接地。

(3)管路输送油品,应避免混入空气、水及灰尘的物质。

三、气体静电防护措施

(1)对输送可燃气体的管道或容器等,应防止不正常的泄漏,并宜装设气体泄漏自动检测报警器。

(2)高压可燃气体的对空排放,应选择适宜的流向和处所。对于压力高、容量大的气体,如液氢排放时,宜在排放口装设专用的感应式消电器。同时要避开可能发生雷暴等危害安全的恶劣天气。

四、人体静电防护措施

(1)穿戴人体静电防护劳保服装。

(2)安装人体静电释放报警仪。图6-2为本安型人体静电释放报警仪。

本安型人体静电释放报警仪是针对石油化工行业而设计的一款本质安全型产品,采用静电亚导体材质,不会产生静电火花,释放静电的同时检测人体电压值,当人体电压超过安全值时,会发出声光报警提醒,以确保工作人员在触摸使用后,人体电压处于安全范围。

1. 检测人体电压,超过150V声光报警
能够检测人体带电情况,实测人体电压值,对危险与安全两种不同状态,做出相应声光报警提示。

2. 触摸球采用"静电亚导体"材质
相比于传统的不锈钢触摸球,静电亚导体材质具有缓慢释放人体静电的特点,不会产生瞬间电击现象,避免静电打火的安全隐患。

3. 接地回路检测,保证可靠接地
当静电电缆接地回路断开时,黄灯闪烁,蜂鸣器报警,提醒工作人员及时检修,有效地保证静电可靠接地释放。

图6-2 本安型人体静电释放报警仪

第七章 低压配电装置

低压电器可分为控制电器和保护电器,控制电器主要用来接通和断开线路,以及用来控制用电设备。保护电器主要用来获取、转换和传递信号,并通过其他电器对电路实现控制。熔断器、热继电器属于低压保护电器。

第一节 保护电器

保护电器主要包括各种熔断器、磁力起动器的热断电器、电磁式过电流继电器和失压(欠压)脱扣器、低压断路器的热脱扣器、电磁式过电流脱扣器和失压(欠压)脱扣器等。继电器和脱扣器的区别在于:前者带有触头,通过触头进行控制;后者没有触头,直接由机械运动进行控制。

一、保护类型

保护电器分别起短路、过载和失压(欠压)等保护的作用。

短路保护是指线路或设备发生短路时,迅速切断电源;过载保护是当线路或设备的载荷超过允许范围时,能延时切断电源的一种保护;失压(欠压)保护是当电源电压消失或低于某一限度时,能自动断开线路的一种保护,同时,能避免设备在过低的电压下勉强运行而损坏。

二、熔断器

熔断器有 RM 系列的和 RT 系列的管式熔断器、RL 系列的螺塞式熔断器、RC1A 系列的插式熔断器,还有盒式熔断器及其他形式的熔断器。如图 7-1 所示。

熔断器的熔体做成丝或片的形状。低熔点熔体由锑铅合金、锡铅合金、锌等材料制成。

选用熔断器时,应注意其防护形式满足生产环境的要求;其额定电压符合线路电压;其额定电流满足安全条件和工作条件的要求;其极限分断电流大于线路上可能出现的最大故障电流;其保护特性应与保护对象的过载特性相适应;在多级保护的场合,为了满足选择性的要求,上一级熔断器的熔断时间一般应大于下一级的 3 倍。

对于笼型电动机,熔体额定电流按下式选取:

$$I_F = (1.5 \sim 2.5) I_M$$

式中 I_F——熔体额定电流,A;

I_M——电动机额定电流,A。

对于多台笼型电动机,熔体额定电流按下式选取:

（a）纤维管式　　（b）填料管式　　（c）插式

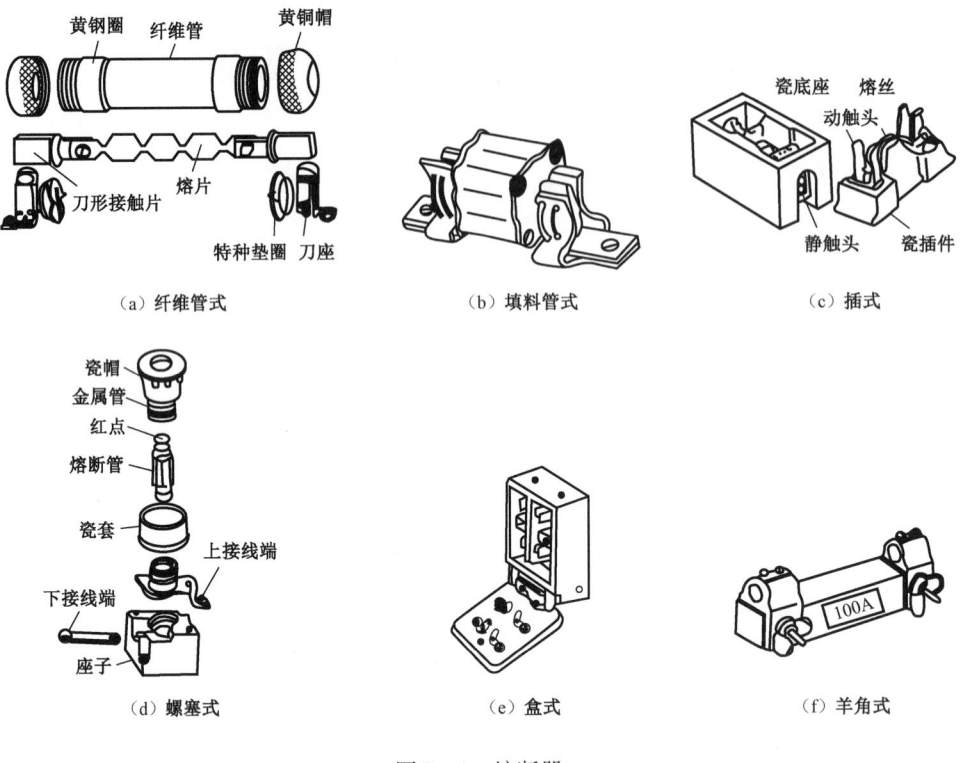

（d）螺塞式　　（e）盒式　　（f）羊角式

图 7-1　熔断器

$$I_F = (1.5 \sim 2.5)I_{MM} + I_{1M} + I_{2M} + \cdots + I_{nM}$$

式中　I_{MM}——最大一台电动机的额定电流，A；

　　　n——电动机台数。

以上两式中，如系轻载启动或减压启动，应取用较小的计算系数；如系重载启动或全压启动，应取用较大的计算系数。

同一熔断器可以配用几种不同规格的熔体，但熔体的额定电流不得超过熔断器的额定电流。应当在停电以后更换熔体；不能轻易改变熔体的规格；不得使用不明规格的熔体，更不准随意使用铜丝或铁丝代替熔丝。

三、热继电器

(1) 作用：电动机的过载保护。

(2) 型式：双金属片式、热敏电阻式、易熔合金式。

(3) 双金属片式热继电器结构：由发热元件、双金属片和触头及动作机构等部分组成。

热继电器是利用电流的热效应做成的。如图 7-2 所示。

同一热继电器可以根据需要配用几种规格的热元件，每种额定电流的热元件，动作电流均可在小范围内调整。为适应电动机过载特性的需要，热元件通过整定电流时，继电器或脱扣器不动作；通过 1.2 倍整定电流时，动作时间将近 20min；通过 1.5 倍整定电流时，动作时间将近 2min；为适应电动机启动要求，热元件通过 6 倍整定电流时，动作时间应超过 5s，可见其热容量

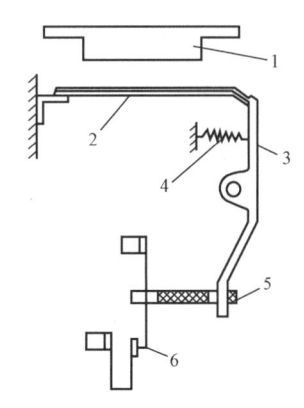

图 7-2　热继电器结构图
1—热元件；2—双金属片；3—扣板；4—拉力弹簧；5—绝缘拉板；6—触头

较大，动作不可能太快，只宜作过载保护，而不宜作短路保护。

四、电磁式继电器

电磁式过电流继电器（或脱扣器）是依靠电磁力的作用进行工作的。当线圈中电流超过整定值时，电磁吸力克服弹簧的推力，吸下衔铁使铁芯闭合，改变触头的状态。其原理如图 7-3 所示。

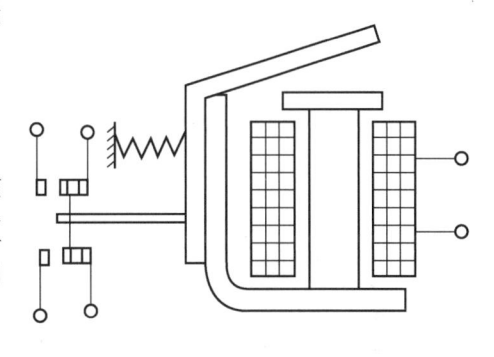

图 7-3　电磁式过电流继电器原理

不带延时的电磁式过电流继电器（或脱扣器）的动作时间不超过 0.1s，短延时的仅为 0.1~0.4s。这两种都适用于短路保护，它能大大缩短碰壳故障持续的时间，迅速消除触电的危险。长延时的电磁式过电流继电器（或脱扣器）的动作时间都在 1s 以上，而且具有反时限特性，适用于过载保护。

失压（欠压）脱扣器也是利用电磁力的作用来工作的，正常工作时衔铁处在闭合位置，而且线圈是并联在线路上的。当线路电压消失或降低至 40%~75% 时，衔铁被弹簧拉开，并通过脱扣机构使减压起动器或自动空气开关动作而断开线路。

第二节　开 关 电 器

开关电器的主要作用是接通和断开线路。开关电器主要用来起动和停止用电设备，主要是用来起动和停止电动机。常用的开关电器有闸刀开关、自动断路器、交流接触器等。

一、刀开关

刀开关是手动开关。包括胶盖刀开关、石板刀开关、铁壳开关、转扳开关、组合开关等。刀开关是最简单的开关电器。由于没有或只有极为简单的灭弧装置，刀开关无力切断短路电流。

因此,刀开关下方应装有熔体或熔断器。对于容量较大的线路,刀开关须与有切断短路电流能力的其他开关串联使用。

胶盖刀开关只能用来控制 5.5kW 以下的三相电动机。刀开关的额定电压必须与线路电压相适应。380V 的动力线路,应采用 500V 的刀开关;220V 的照明线路,可采用 250V 的刀开关。对于照明负荷,刀开关的额定电流就大于负荷电流的 3 倍。还应注意刀开关所配用熔断器和熔体的额定电流不得大于开关的额定电流。

二、低压断路器

低压断路器又叫自动空气开关或自动空气断路器,是低压配电网络常用的一种配电电器,集控制和多种保护功能于一体。

在正常情况下,可用于不频繁地接通和断开电路以及控制电动机的运行。当电路中发生短路、过载和失压等故障时,能自动切断故障电路,起到保护线路和设备的作用。

低压断路器可分为塑料外壳式、框架式、限流式、直流快速式、灭磁式和漏电保护式六类。

框架式断路器经常在钻井井场等用电较大场所使用,塑料外壳式断路器常常用作电源总开关,在生活中,塑料外壳式微型低压断路器较常见。如图 7-4 所示。

框架式断路器 　　塑料外壳式断路器 　　微型断路器 　　带漏电微型断路器

图 7-4　断路器

(一)结构及各部件作用

断路器主要由主触头、灭弧装置、操作机构、热脱扣器、电磁脱扣器、欠压脱扣器及外壳组成。由加热元件和双金属片等构成热脱扣器,作为过载保护;由线圈和铁心等组成的电磁脱扣器作为短路保护;配有灭弧装置的主触头,用以接通和分断主回路的大电流。

(二)选用原则

(1)低压断路器的额定电压和额定电流应不小于线路的正常工作电压和计算负载电流。

(2)热脱扣器的瞬时脱扣整定电流应等于所控制负载的额定电流。

(3)电磁脱扣器的瞬时脱扣整定电流应大于负载正常工作时可能出现的峰值电流。

(4)欠压脱扣器的额定电压应等于线路的额定电压。

(5)断路器的极限通断能力应小于电路最大短路电流。

(三) 低压断路器的安装与使用

(1) 垂直于配电板安装,电源引线应接到上端,负载引线接到下端。

(2) 用作电源总开关或电动机的控制开关时,在电源进线侧必先加装隔离开关或熔断器等,以形成明显的断开点。

(3) 使用前应将脱扣器工作面的防锈油脂擦干净;各脱扣器动作值一经调整好不允许随意变动。

(4) 若遇分断短路电流应及时检查触头系统,发现电灼烧痕应及时修理与更换。

(5) 断路器上的积尘应定期清除,并定期检查各脱扣器动作值,必要时给操作机构添加润滑剂。

三、交流接触器

(一) 用途

在各种电力传动系统中,用来频繁接通和断开带有负载的主电路或大容量的控制电路,便于实现远距离自动控制。

(二) 工作原理

交流接触器由电磁部分、触头部分和弹簧部分组成。其工作原理如图 7-5 所示。

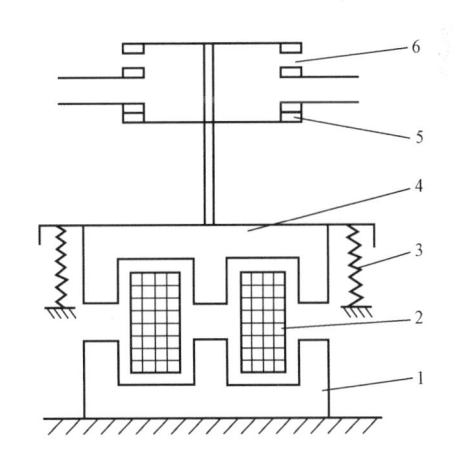

图 7-5 接触器原理
1—铁芯;2—线圈;3—推力弹簧;4—衔铁;5—常闭触头;6—常开触头

主触头接于主电路中,电磁铁的线圈接于控制电路中。

当线圈通电后,产生电磁吸力,使动铁芯吸合,带动动触头与静触头闭合,接通主电路。若线圈断电后,线圈的电磁吸力消失,在复位弹簧作用下,动铁芯释放,带动动触头与静触头分离,切断主电路。

(三) 短路环的作用

当线圈中通入交流电时,由于交流电的大小随时间周期性的变化,因此,线圈铁芯的吸力也随之不断变化,造成衔铁的振动,发出噪声。

为防止这种现象的发生,在铁芯极面下安装了一个短路环,这样,整个铁芯磁场将发生变化,其吸力也变化。衔铁振动变小,噪声减小。

(四)交流接触器型号的含义和技术数据

交流接触器型号的含义和技术数据举例说明如下:

以交流接触器 CJ10—20 为例:

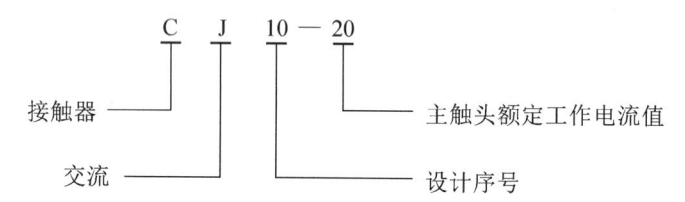

```
        C   J  10 — 20
        │   │   │    │
   接触器   │   │    └── 主触头额定工作电流值
        交流   │
              设计序号
```

CJ10—20 交流接触器主触头长期允许通过的电流为 20A,辅助触点通过的电流为 5A,线圈电压有交流 127V、220V、380V 三种,使用时要特别注意控制电压的等级。

再如交流接触器 CJX1:

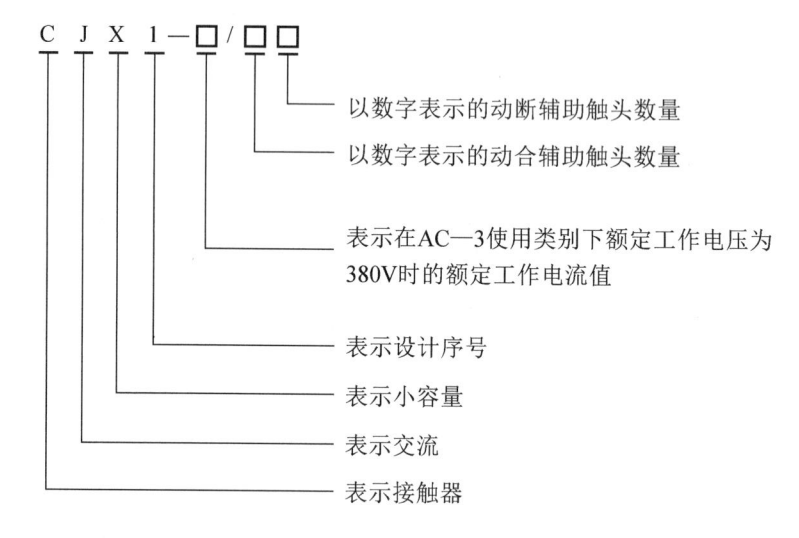

```
     C J X 1-□/□□
     │ │ │ │  │ │
     │ │ │ │  │ └── 以数字表示的动断辅助触头数量
     │ │ │ │  └──── 以数字表示的动合辅助触头数量
     │ │ │ │
     │ │ │ └────── 表示在AC—3使用类别下额定工作电压为
     │ │ │         380V时的额定工作电流值
     │ │ └──────── 表示设计序号
     │ └────────── 表示小容量
     └──────────── 表示交流
                  表示接触器
```

(五)交流接触器常见故障及处理

(1)铁芯吸不上或吸力不足:电流电压过低,线圈技术参数不符合使用要求,线圈烧毁或断线,卡住,生锈,弹力过大。

(2)铁芯不放开或释放过慢:触头熔焊或压力过小,卡住,生锈,磁面有油污或尘埃,剩磁过大(铁芯材料或加工问题)。

(3)线圈过热或烧损:铁芯不能完全吸合,使用条件不符,操作频率过高(交流),空气潮湿或含有腐蚀性气体。

(4)电磁铁噪声过大:电压过低,压力过大,磁面不平、有油污、尘埃,短路环断裂。

(5)触头熔焊:操作频率过高或过负荷,触头表面有金属颗粒突起或异物,有卡住现象。

第三节　低压配电屏

一、低压配电屏用途

低压配电屏又叫开关屏或配电盘、配电柜,它是将低压电路所需的开关设备、测量仪表、保护装置和辅助设备等,按一定的接线方案安装在金属柜内构成的一种组合式电气设备,用以进行控制、保护、计量、分配和监视等(图7-6)。

图7-6　低压配电屏

适用于发电厂、变电所、厂矿企业中作为额定工作电压不超过380V低压配电系统中的动力、配电、照明配电之用。

二、低压配电屏结构特点

我国生产的低压配电屏基本可分为固定式和手车式(抽屉式)两大类,基本结构方式可分为焊接式和组合式两种。常用的低压配电屏有:PGL型交流低压配电屏、BFC系列抽屉式低压配电屏、GGL型低压配电屏、GCL系列动力中心和GCK系列电动机控制中心。

三、低压配电屏安装及投运前检查

低压配电屏在安装或检修后,投入运行前应进行下列各项检查试验:

(1)检查柜体与基础型钢固定是否牢固,安装是否平直。屏面油漆应完好,屏内应清洁,无积垢。

(2)各开关操作灵活,无卡涩,各触点接触良好。

(3)用塞尺检查母线连接处接触是否良好。

(4)二次回路接线应整齐牢固,线端编号符合设计要求。

(5)检查接地是否良好。

(6)抽屉式配电屏应检查推抽是否灵活轻便,动、静触头应接触良好,并有足够的接触压力。

(7)试验各表计是否准确,继电器动作是否正常。

(8)用1000V兆欧表测量绝缘电阻,应不小于0.5MΩ,并按标准进行交流耐压试验,一次回路的试验电压为工频1kV,也可用2500V兆欧表试验代替。

四、低压配电屏巡视检查

对运行中的低压配电屏,通常应检查以下内容:

(1)配电屏及屏上的电气元件的名称、标志、编号等是否清楚、正确,盘上所有的操作把手、按钮和按键等的位置与现场实际情况是否相符,固定是否牢靠,操作是否灵活。

(2)配电屏上表示"合""分"等信号灯和其他信号指示是否正确。

(3)隔离开关、断路器、熔断器和互感器等的触点是否牢靠,有无过热、变色现象。

(4)二次回路导线的绝缘是否破损、老化,并摇测其绝缘电阻。

(5)配电屏上标有操作模拟板时,模拟板与现场电气设备的运行状态是否对应。

(6)仪表或表盘玻璃是否松动,仪表指示是否正确,并清扫仪表和其他电器上的灰尘。

(7)配电室内的照明灯具是否完好,照度是否明亮均匀,观察仪表时有无眩光。

(8)巡视检查中发现的问题应及时处理,并记录。

五、低压配电装置运行维护

(1)对低压配电装置的有关设备,应定期清扫和摇测绝缘电阻(对工作环境较差的应适当增加次数),如用500V兆欧表测量母线、断路器、接触器和互感器的绝缘电阻,以及二次回路的对地绝缘电阻等均应符合规程要求。

(2)低压断路器故障跳闸后,应检修或更换触头和灭弧罩,只有查明并消除跳闸原因后,才可再次合闸运行。

(3)对频繁操作的交流接触器,每三个月进行检查,测试项目有:检查时应清扫一次触头和灭弧栅,检查三相触头是否同时闭合或分断,摇测相间绝缘电阻。

(4)定期校验交流接触器的吸引线圈,在线路电压为额定值的85%~105%时吸引线圈应可靠吸合,而电压低于额定值的40%时则应可靠地释放。

(5)经常检查熔断器的熔体与实际负荷是否相匹配,各连接点接触是否良好,有无烧损现象,并在检查时清除各部位的积灰。

(6)注意铁壳开关的机械闭锁是否正常,速动弹簧是否锈蚀、变形。

(7)检查三相瓷底胶盖刀闸是否符合要求,用作总开关的瓷底胶盖刀闸内的熔体是否已更换为铜或铝导线,在开关的出线侧是否加装了熔断器与之配合使用。

第八章 电气线路

电气线路可分为电力线路和控制线路。前者完成输送电能的任务;后者供保护和测量的连接之用。

第一节 电气线路的种类及特点

电气线路种类很多。按照敷设方式,分为架空线路、电缆线路、穿管线路等;按照导体的绝缘,分为塑料绝缘线、橡皮绝缘线、裸线等。

一、架空线路

架空线路指档距超过 25m,利用杆塔敷设的高、低压电力线路。

架空线路主要由导线、杆塔、绝缘子、横担、金具、拉线及基础等组成。

架空线路的导线用以输送电流,多采用钢芯铝绞线、硬铜绞线、硬铝绞线和铝合金绞线。

厂区内(特别是有火灾危险的场所)的低压架空线路宜采用绝缘导线。

杆塔分为直线杆塔、耐张杆塔、跨越杆塔、转角杆塔、分支杆塔和终端杆塔等。

架空线路的金具主要用于固定导线和横担,包括线夹、横担支撑、抱箍、垫铁、连接金具等金属器件。

架空线路的绝缘子用以支撑、悬挂导线并使之与杆塔绝缘。

架空线路的横担用以支撑导线,常用的横担有角铁横担、木横担和陶瓷横担。

架空线路的拉线及其基础用以平衡杆塔各方向受力,保持杆塔的稳定性。

二、电缆线路

电力电缆线路主要由电力电缆、终端接头和中间接头组成。电力电缆分为油浸纸绝缘电缆、交联聚乙烯绝缘电缆和聚氯乙烯绝缘电缆。

电力电缆主要由缆芯导体、绝缘层和保护层组成。电缆缆芯导体分铜芯和铝芯两种;绝缘层有油浸纸绝缘、塑料绝缘、橡皮绝缘等几种;保护层分内护层和外护层;内护层分铅包、铝包、聚氯乙烯护套、交联聚乙烯护套、橡套等几种;外护层包括黄麻衬垫、钢恺和防腐层。图 8-1 为油浸纸绝缘电力电缆。

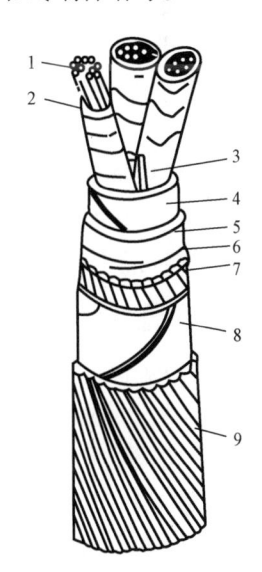

图 8-1 油浸纸绝缘电力电缆
1—缆芯;2—分相油浸纸绝缘;
3—填料;4—统包油浸纸绝缘;
5—铅(铝)包;6—沥青纸带内护层;
7—沥青麻包内护层;8—钢铠外护层;
9—麻包外护层

三、室内配线

室内配线种类：
（1）母线：有硬母线和软母线之分。
（2）干线：有明线、暗线和地下管配线之分。
（3）支线：有护套线直敷配线、瓷夹板或塑料夹板配线、鼓形绝缘子或针式绝缘子配线、钢管配线、塑料管配线等多种型式。

室内配线方式应与环境条件、负荷特征、建筑要求相适应。

室内配线注意事项：
（1）特别潮湿环境应采用硬塑料管配线或针式绝缘子配线。
（2）高温环境应采用电线管或焊接钢管配线，或针式绝缘子配线。
（3）多尘（非爆炸性粉尘）环境应采用各种管配线。
（4）腐蚀性环境应采用硬塑料管配线。
（5）火灾危险环境应采用电线管或焊接钢管配线。
（6）爆炸危险环境应采用焊接钢管配线等。

第二节　电气线路常见故障

电气线路故障可能导致触电、火灾、停电等多种事故。

一、架空线路和电缆线路故障

（一）架空线路故障

架空线路敞露在大气中，容易受到气候、环境条件等因素的影响。大风使杆塔歪倒或损坏，还可能导致混线接地事故，绝缘子发生闪络或击穿，导线拉断，短路或接地、污闪等事故。

（二）电缆线路故障

电缆故障包含机械损伤、铅皮（铝皮）龟裂、胀裂、终端头污闪、终端头或中间接头爆炸、绝缘击穿、金属护套腐蚀穿孔等故障。

电缆常见故障和防止方法：
（1）为防止外力破坏的事故，加强对电缆线路的巡视和检查。
（2）对于管理不善或施工不良的，应加强管理保证质量。
（3）针对电缆终端头漏油，应严格施工，加强巡视。
（4）针对电缆可能受到化学腐蚀，可采取将电缆涂以沥青或装入保护管。

二、线路故障原因

绝缘损坏、接触不良、严重过载、断线、间距不足和防护不善、保护导体带电等都是线路故障原因。

第三节　电气线路安全条件

电气线路应满足供电可靠性或控制可靠性的要求,应满足经济指标的要求,应满足维护管理方便的要求,还必须满足各项安全要求。

一、导电能力

(一)发热条件

为防止线路过热,保证线路正常工作,导线运行最高温度不得超过下列限值:

橡皮绝缘线	65℃
塑料绝缘线	70℃
裸线	70℃
铅包或铝包电缆	80℃
塑料电缆	65℃

表8-1为穿硬塑料管敷设聚氯乙烯绝缘电线的安全载流量($\theta=65℃$)。

表8-1　穿硬塑料管敷设聚氯乙烯绝缘电线安全载流量($\theta=65℃$)

截面积 mm²		2根电线,A				管径 mm	3根电线,A				管径 mm	4根电线,A				管径 mm
		25℃	30℃	35℃	40℃		25℃	30℃	35℃	40℃		25℃	30℃	35℃	40℃	
铝芯 BLV	2.5	18	16	15	14	15	16	14	13	12	15	14	13	12	11	20
	4	24	22	20	18	20	22	20	19	17	20	19	17	16	15	20
	6	31	28	26	24	20	27	25	23	21	20	25	23	21	19	25
	10	42	39	35	33	25	38	35	32	30	25	33	30	28	26	32
	16	55	51	47	43	32	49	45	42	38	32	44	41	38	34	32
	25	73	68	63	57	32	65	60	56	51	40	57	53	49	45	40
	35	90	84	77	71	40	80	74	69	63	40	70	65	60	55	40
	50	144	106	98	90	50	102	95	88	80	50	90	84	77	71	63
	70	145	135	125	114	50	130	121	112	102	50	115	107	99	90	63
	95	175	163	151	138	63	158	147	136	124	63	140	130	122	110	75
	120	200	187	173	158	63	180	168	155	142	63	160	149	138	126	75
	150	230	215	198	181	75	207	193	179	163	75	185	172	160	146	75
	185	265	247	229	209	75	235	219	203	185	75	212	198	183	167	90
铜芯 BV	1.0	12	11	10	9	15	11	10	9	8	15	10	9	8	7	15
	1.5	16	14	13	12	15	15	14	12	11	15	13	12	11	10	15
	2.5	24	22	20	18	15	21	19	18	16	15	19	17	16	15	20
	4	31	28	26	24	20	28	26	24	22	20	25	23	21	18	20
	6	41	38	35	32	20	36	33	31	28	20	32	29	27	25	25

续表

截面积 mm²	2 根电线, A				管径 mm	3 根电线, A				管径 mm	4 根电线, A				管径 mm
	25℃	30℃	35℃	40℃		25℃	30℃	35℃	40℃		25℃	30℃	35℃	40℃	
铜芯 BV	10	56	52	48	44	25	49	45	42	38	25	44	41	38	34	32
	16	72	57	62	56	32	65	60	56	51	32	57	53	49	45	32
	25	95	88	82	75	32	85	79	73	67	40	75	70	64	59	40
	35	120	112	103	94	40	105	98	90	83	40	93	86	80	73	50
	50	150	140	129	118	50	132	123	114	104	50	117	109	101	92	63
	70	185	172	160	146	50	167	156	144	130	50	148	138	129	117	63
	95	230	215	198	181	63	205	191	177	163	63	185	172	160	146	75
	120	270	252	233	213	63	240	224	207	189	63	215	201	185	172	75
	150	305	285	263	241	75	275	257	237	217	75	250	233	216	197	75
	185	335	331	307	280	75	310	289	263	245	75	280	261	242	221	90

(二) 电压损失

我国有关标准规定,对于供电电压,10kV 及以下动力线路的电压损失不得超过额定电压的 ±7%,低压照明线路和农业用户线路的电压损失不得超过 -10% ~ +7%。

(三) 短路电流

为了短路时速断保护装置能可靠动作,短路时必须有足够大的短路电流。这也要求导线截面不能太小。另外,由于短路电流较大,导线应能承受短路电流的冲击而不被破坏。为此,导线截面积应满足相应要求。

二、机械强度

按照机械强度的要求,架空线路导线截面积不得小于表 8-2 所列数值。

表 8-2 架空线路导线最小截面

类别	铜, mm²	铝及铝合金, mm²	铁, mm²
单股	6	10	6
多股	6	16	10

低压配线截面积不得小于表 8-3 所列数值。

表 8-3 低压配线的最小截面

类别		最小截面, mm²		
		铜芯软线	铜线	铝线
移动式设备电源线	生活用	0.2	—	—
	生产用	1.0	—	—

续表

类别		最小截面，mm²		
		铜芯软线	铜线	铝线
吊灯引线	民用建筑，户内	0.4	0.5	1.5
	工业建筑，户内	0.5	0.8	2.5
	户外	1.0	1.0	2.5
支点间距离 d 的支持件上的绝缘导线	$d≤1m$，户内	—	1.0	1.5
	$d≤1m$，户外	—	1.5	2.5
	$d≤2m$，户内	—	1.0	2.5
	$d≤2m$，户外	—	1.5	2.5
	$d≤6m$，户内	—	2.5	4
	$d≤6m$，户外	—	2.5	6
接户线	≤10m	—	2.5	6
	≤25m	—	4	10
穿管线		1.0	1.0	2.5
塑料护套线		—	1.0	1.5

注：移动式设备的电源线和吊灯引线必须使用铜芯软线，而除穿管线之外，其他型式的配线不得使用软线。

三、绝缘和阻燃性材料的应用

绝缘不良可能导致漏电。电气线路的绝缘电阻必须符合要求。运行中低压电气线路的绝缘电阻一般不得低于每伏工作电压 $1000Ω$，新安装和大修后的低压电气线路一般不得低于 $0.5MΩ$，控制线路的一般不得低于 $1MΩ$。

四、间距

电气线路与建筑物、树木、地面、水面、其他电气线路以及各种工程设施之间的安全距离要符合要求，安装低压接户线应当注意相应各项间距要求。

五、导线连接

导线有焊接、压接、缠接等多种连接方式。导线连接必须紧密。原则上导线连接处的机械强度不得低于原导线机械强度的 80%；绝缘强度不得低于原导线的绝缘强度；接头部位电阻不得大于原导线电阻的 1.2 倍。

六、线路防护

电力电缆在以下部位应穿管保护：
(1) 电缆引入或引出建筑物（包括隔墙、楼板）、沟道、隧道等处。
(2) 电缆通过铁路、道路处。
(3) 电缆引入或引出地面时，地面以上 2m 和地面以下 0.1~0.25m 的一段应穿管保护。
(4) 电缆有可能受到机械损伤的部位。

(5)电缆与各种管道或沟道之间的距离不足规定的距离处。

七、过电流保护

电气线路的过电流保护包括短路保护和过载保护。

1. 短路保护

动作时间应符合电气线路热稳定性的要求。在 TN 系统中,短路保护装置应能保证发生单相短路时,在规定的持续时间内切断电源。

2. 过载保护

为了充分利用电力线路的过载能力,过载保护必须具备反时限动作特性。

八、线路管理

电气线路应有必要的资料和文件,如施工图、实验记录等。还应建立巡视、清扫、维修等制度。

第四节 线路巡视检查

一、架空线路巡视检查

架空线路巡视分为定期巡视、特殊巡视和故障巡视。定期巡视是日常工作内容之一。10kV 及 10kV 以下的线路,至少每季度巡视一次。特殊巡视是运行条件突然变化后的巡视,如雷雨、大雪、重雾天气后的巡视、地震后的巡视等。故障巡视是发生故障后的巡视。巡视中一般不得单独排除故障。

二、电缆线路巡视检查

电缆线路的定期巡视一般每季度一次;户外电缆终端头每月巡视一次。

第九章 照明电路

照明设备的不正常运行可能导致人身伤亡事故或火灾。为此,必须保持照明设备的安全运行。

第一节 照明方式与种类

一、照明方式

(一)一般照明

一般照明是指在整个场所或场所的某部分照度基本上相同的照明。

对于工作位置密度很大而对光照方向又无特殊要求,或工艺上不适宜装设局部照明设置的场所,宜单独使用一般照明。

(二)局部照明

局部照明是指局限于工作部位的固定的或移动的照明。

对于局部地点需要高照度并对照射方向有要求时宜采用局部照明。

(三)混合照明

混合照明是指一般照明与局部照明共同组成的照明。

对于工作部位需要较高照度并对照射方向有特殊要求的场所,宜采用混合照明。

二、照明种类

(一)工作照明

工作照明是指用来保证在照明场所正常工作时所需的照度适合视力条件的照明。

(二)事故照明

事故照明是指当工作照明由于电气事故而熄灭后,为了继续工作或从房间内疏散人员而设置的照明。

第二节 照明接线

选择照明光源应考虑到各种光源的优缺点,使用场所、额定电压以及照度的需要等方面。

一、照明装置额定电压的选择

电灯额定电压的选择,主要应从人身安全的角度出发来考虑。

在触电机会较多危险性较大的场所,局部照明和手提照明(如机床照明)应采用额定电压36V以下的安全灯,并应配用行灯变压器降压。对于安装高度能符合规程规定(一般情况下灯头距地面不低于2m,特殊情况下不低于1.5m),触电机会较少,触电危险性较小的场所,一般采用额定电压为220V的普通照明灯。

二、照明灯具的接线

(一) 白炽灯、节能灯接线

常用控制线路见表9-1。

表9-1 白炽灯等常用控制线路

电路名称和用途	接线图	说明
一只单联开关控制一盏灯		开关应安装在相线上,修理安全
一只单联开关控制一盏灯并与插座连接		比下面电路用线少,但由于电路上有接头,日久易松动,会增高电阻而产生高热,有引起火灾等危险,且接头工艺复杂
一只单联开关控制一盏灯并与插座连接		电路中无接头,较安全,但比上面电路用线多
一只单联开关控制两盏灯(或多盏灯)		一只单联开关控制多盏灯时,可如左图中所示虚线接线,但应注意开关的容量是否允许
两只单联开关控制两盏灯		多只单联开关控制多盏灯时,可如左图所示虚线接线
用两只双联开关在两地控制一盏灯		用于两地需同时控制时,如楼梯走廊中电灯,需在两地能同时控制等场合
二只110V相同功率灯泡串联		注意二灯泡功率必须一样,否则小功率灯泡会烧坏

(二)日光灯接线

日光灯接线如图 9-1 所示。

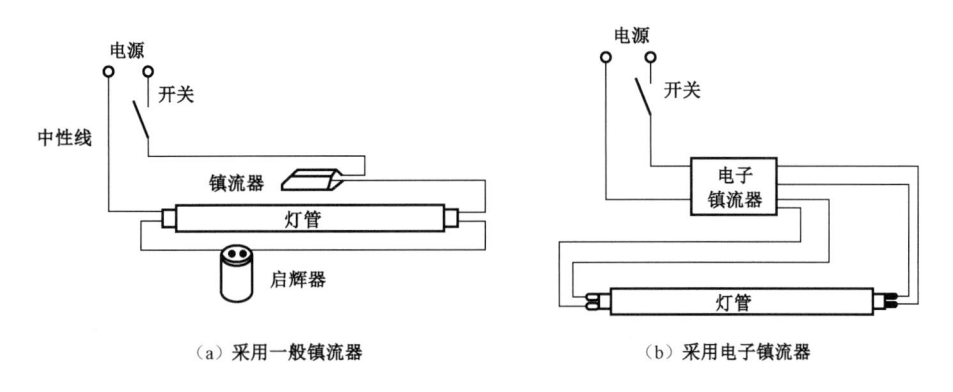

图 9-1 日光灯接线图

第三节 照明设备的安装

照明设备包括:照明开关、插座、灯具、导线等。

一、照明开关

(一)照明开关种类

(1)常用的开关有拉线开关、扳动开关、跷板开关、钮子开关、防雨开关等。
(2)节能型开关有触摸延时开关、声光控延时开关等。
(3)声光控延时开关是在上述延时电路中再增加音频放大电路和光控电路而成。

(二)照明开关选择

照明开关选择应从实用、质量、美观、价格等几个方面考虑。照明总开关多采用具有短路和过载保护功能的微型断路器。

(三)照明开关安装

具体要求:
(1)扳把开关距地面高度一般为 1.2~1.4m,距门框为 150~200mm。
(2)拉线开关距地面一般为 2.2~2.8m,距门框为 150~200mm。
(3)多尘潮湿场所和户外应用防水瓷质拉线开关或加装保护箱。
(4)在易燃、易爆和特别场所,开关应分别采用防爆型、密闭型的或安装在其他处所控制。
(5)暗装的开关及插座装牢在开关盒内,开关盒应有完整的盖板。
(6)密闭式开关,保险丝不得外露,开关应串接在相线上,距地面的高度为 1.4m。
(7)仓库的电源开关应安装在库外,以保证库内不工作时库内不充电。单极开关应装在相线上,不得装在零线上。

(8)当电器的容量在 0.5kW 以下的电感性负荷(如电动机)或 2kW 以下的电阻性负荷(如电热、白炽灯)时,允许采用插销代替开关。

二、插座

(一)插座的选择

插座有单相二孔、单相三孔和三相四孔之分,插座容量民用建筑有 10A、16A,选用插座要注意其额定电流值应与通过的电器和线路的电流值相匹配,如果过载,极易引发事故。

(二)插座安装要求

(1)不同电压的插座应有明显的区别,不能互用。
(2)单相两孔插座,面对插座左孔接工作零线,右孔接相线。
(3)三孔插座,面对插座左孔接工作零线,右孔接相线,保护线接在正上孔。
(4)三相四孔插座的相线,从左向右分别接 L_1、L_2、L_3 线,保护线接在正上孔。同一场所的插座接线相序应一致。
(5)插座的保护线应直接与干线连接,不准串接,不准装设熔断器或其他断流装置。
(6)凡为携带式或移动式电器用的插座,单相应用三眼插座,三相应用四眼插座,其接地孔应与接地线或零线接牢。
(7)明装插座距地面不应低于 1.8m,暗装插座距地面不应低于 30cm,儿童活动场所的插座应用安全插座,或高度不低于 1.8m。

三、灯具

灯具的安装要求:
(1)白炽灯、日光灯等电灯吊线应用截面不小于 $0.75mm^2$ 的绝缘软线。
(2)照明每一回路配线容量不得大于 2kW。
(3)螺口灯头的安装,在灯泡装上后,灯泡的金属螺口不应外露,且应接在零线上。
(4)照明 220V 灯具的高度应符合下列要求:
① 潮湿、危险场所及户外不低于 2.5m;
② 生产车间、办公室、商店、住房等一般不应低于 2m;
③ 灯具低于上述高度,而又无安全措施的车间照明以及行灯、机床局部照明灯应使用 36V 以下的安全电压;
④ 露天照明装置应采用防水器材,高度低于 2m 应加防护措施,以防意外触电。
(5)碘钨灯、太阳灯等特殊照明设备,应单独分路供电;不得装设在易燃、易爆物品的场所。
(6)在有易燃、易爆、潮湿气体的场所,照明设施应采用防爆式、防潮式装置。

四、安装照明设备的注意事项

安装照明设备,应注意下列事项:
(1)一般照明应采用不超过 250V 的对地电压。

(2)照明灯须用安全电压时,应采用一、二次线圈分开的变压器,不许用自耦变压器。

(3)行灯必须带有绝缘手柄及保护网罩,禁止采用一般灯口,手柄处的导线应加绝缘套管保护。

(4)各种照明灯,根据工作需要应有一定形式的聚光设备,不得用纸片、铁片等代替,更不准用金属丝在灯口处捆绑。

(5)安装户外照明灯时,如其高度低于3m,应加保护装置,同时应尽量防止风吹而引起摇动。

照明工程的一般技术要求:

(1)室内、室外配线,应采用电压不低于500V的绝缘导线。

(2)下列场所应采用金属管配线:重要政治活动场所;有易燃易爆危险的场所;重要仓库。

(3)腐蚀性场所配线,应采用全塑制品,所有接头处应密封。

(4)冷藏库配线,宜采用护套线明配,采用的照明电压不应超过36V,所有控制设备设在库外。

(5)下列场所的室内、外配线应采用铜线:重要政治活动场所;重要控制回路及二次线;移动用的导线;特别潮湿场所(包括人防)和有严重腐蚀性场所;与剧烈振动的用电设备相连的线路;有特殊规定的其他场所。

(6)每个分支路导线间及对地的绝缘电阻值,应不小于0.5MΩ,小于0.5MΩ时,应做交流1000V的耐压试验。

(7)各种明配线工程的位置,应便于检查和维修。线路水平敷设时,距离地面高度不应低于2.5m;垂直敷设时不应低于1.8m。个别线段低于1.8m时,应穿管或采取其他保护措施。

第四节　照明电路故障的检修

照明电路的常见故障主要有断路、短路和漏电三种。

一、断路

产生断路的原因主要是熔丝熔断、线头松脱、断线、开关没有接通、铝线接头腐蚀等。

如果一个灯泡不亮而其他灯泡都亮,应首先检查是否灯丝烧断。若灯丝未断,则应检查开关和灯头是否接触不良、有无断线等。为了尽快查出故障点,可用试电笔测灯座(灯口)的两极是否有电,若两极都不亮说明相线断路;若两极都亮(带灯泡测试),说明中性线(零线)断路;若一极亮一极不亮,说明灯丝未接通。

如果几盏电灯都不亮,应首先检查总保险是否熔断或总闸是否接通。也可按上述方法及试电笔判断故障点在总相线还是总零线上。

二、短路

造成短路的原因大致有以下几种:

(1)用电器具接线不好,以至于接头碰在一起。

(2)灯座或开关进水,螺口灯头内部松动或灯座顶芯歪斜,造成内部短路。

（3）导线绝缘外皮损坏或老化损坏，并在零线和相线的绝缘处碰线。

发生短路故障时，会出现打火现象，并引起短路保护动作（熔丝烧断）。当发现短路打火或熔丝熔断时，应先查出发生短路的原因，找出短路故障点，并进行处理后再更换保险丝，恢复送电。

三、漏电

相线绝缘损坏而接地、用电设备内部绝缘损坏使外壳带电等原因，均会造成漏电。漏电不但造成电力浪费，还可能造成人身触电伤亡事故。

漏电保护装置一般采用漏电开关。当漏电电流超过整定电流值时，漏电保护器动作，切断电路。若发现漏电保护器动作，则应查出漏电接地点并进行绝缘处理后再通电。

照明线路的接地点多发生在穿墙部位和靠近墙壁或天花板等部位。查找接地点时，应注意查找这些部位。

第十章　异步电动机

电动机是一种将电能转换为机械能的动力设备,是厂矿企业使用最广泛的动力机。

电动机分为交流电动机和直流电动机两大类。交流电动机又分异步电动机和同步电动机。

因为异步电动机具有结构简单,价格低廉,工作可靠,维护方便等优点,所以被厂矿企业广泛采用。

第一节　异步电动机的构造与工作原理

一、构造

三相异步电动机也叫三相感应电动机,主要由定子和转子两个基本部分组成。按照转子结构可分为笼型和线绕型两种。三相笼型异步电动机的结构如图 10-1 所示。

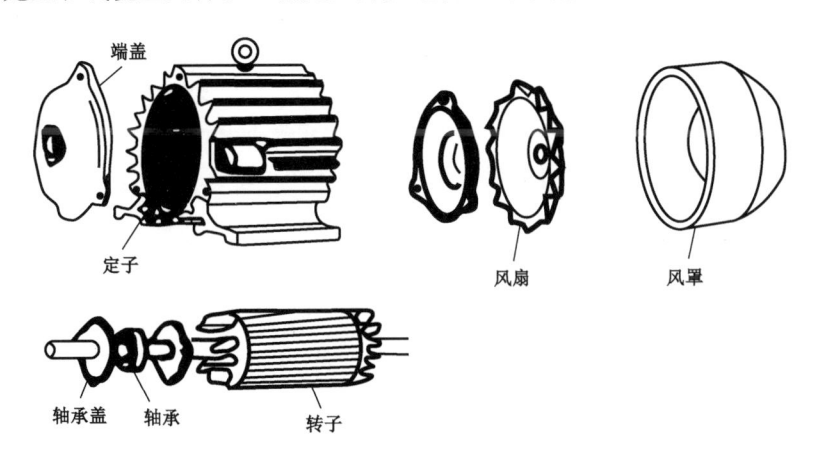

图 10-1　三相笼式异步电动机的结构

(一)定子

定子主要由定子铁芯、定子绕组、机座和端盖等组成。定子铁芯是磁路部分,一般用涂有绝缘漆的硅钢片叠成筒形,并固定在机座内。如图 10-2 所示。

定子绕组是异步电动机的电路部分,由三相对称绕组组成,三个绕组按一定的空间角度依次嵌放在定子槽内。三相绕组的首端分别用 U_1、V_1、W_1 表示,尾端对应用 U_2、V_2、W_2 表示。

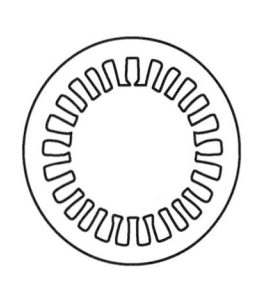

图 10-2　定子硅钢片

(二)转子

转子主要由转子铁芯、转子绕组和转轴等组成。

转子绕组有笼型和线绕型两种。

笼式转子绕组是用裸铜条插入转子槽内,两端用端环分别把槽里的铜条连接起来形成一个短接的回路;中小型电机的笼式转子(图10-3)一般用熔化的铝浇入转子铁芯的槽内,并将两个端环与冷却用的风扇翼浇铸在一起,线绕式转子绕组和定子绕组相似,也是三相对称绕组。转子的三相绕组一般接成星形,三个出线头通过转轴内孔分别接到与转轴固定的三个铜制滑环上。具有线绕式转子的电动机叫线绕式电动机,又叫滑环式电动机。

转轴的作用是支撑转子,传递转矩,并保证定子与转子之间各处有均匀的空气隙。

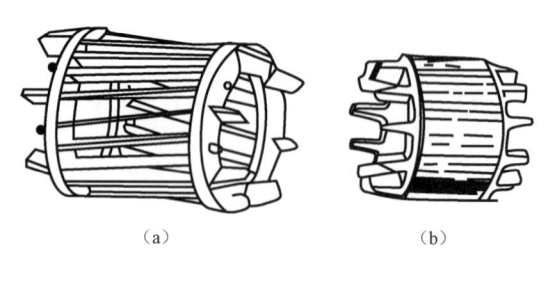

图10-3 笼式转子

二、异步电动机的工作原理和运行状态

工作原理:三相异步电动机的定子铁心上按一定的规律均匀布置着三组绕组,接通三相交流电源时即在电动机内产生旋转磁场;单相异步电动机的定子铁心上按一定的规律均匀布置着两组绕组:一组绕组直接接单相电源,另一组绕组串联电容器后接单相电源,接通单相交流电源时也在电动机内产生旋转磁场。由于电磁感应的作用,转子绕组受到电磁力的作用,转子开始旋转。

旋转磁场的转速为 n_1。n_1 称为同步转速,由下式表达

$$n_1 = \frac{60f_1}{p}$$

式中 n_1——旋转磁场转速,r/min;
f_1——定子电源频率,Hz;
p——磁级对数。

工作在电动机状态的感应电动机,转速必定低于同步转速。因此,感应电动机也叫做异步电动机。

异步电动机转子转速与同步转速之差的百分数叫做电动机的转差率,即

$$s = \frac{n_1 - n}{n_1}$$

式中 n——异步电动机转子转速。

异步电动机的额定转差率多在2%~6%之间。

电动机的额定转矩是由其额定功率和额定转速决定的。其表达式为

$$M_N = \frac{1000P_N}{\omega_N} = 9550 \frac{P_N}{n_N}$$

式中　M_N——额定转矩,N·m;
　　　P_N——额定功率,kW;
　　　ω_N——额定角速度,rad/s;
　　　n_N——额定转速,r/min。

最大转矩与额定转矩的比值称作电动机的过载能力。

如电动机转速超过同步转速,即 $n>n_1(s<0)$,则转子绕组中电流改变方向,电磁转矩变为制动转矩。此时的电动机处在发电制动状态。

如电动机转速小于零,即 $n<0(s>1)$,电磁转矩也变为制动转矩。此时的电动机处在反接制动状态。

第二节　异步电动机的主要技术参数

电动机的铭牌上和产品样本中都标出电动机的额定功率(轴动率)P_N,额定转速 n,额定电压 U_N,额定电流 I_N,效率 η,功率因数 $\cos\varphi$,以及起动电流倍数 I_Q/I_N,起动转矩倍数 M_Q/M_N,过负荷能力 M_{max}/M_N 等主要技术参数。

一、额定电压 U_N

额定电压表示电动机定子绕组规定使用的线电压,单位是伏(V)或千伏(kV)。如铭牌上有两个电压值,则表示定子绕组在两种不同接法时的线电压。

二、额定电流 I_N

额定电流表示电动机在额定电压及额定功率运行时,电源输入电动机的定子绕组中的线电流,单位是安(A),如果铭牌上标有两个电流值,则说明为定子绕组在两种不同接法时的线电流值。

三、额定功率 P_N

额定功率表示电动机在额定状态下运行时,转轴上输出的机械功率,单位是瓦(W)或千瓦(kW)。

四、额定转速 n_N

电动机在额定电压、额定频率和额定功率下工作时转轴的转速,叫做额定转速,拖动大小不同的负载时,转速也不同。一般空载转速略高于额定转速,过载时转速会低于额定转速。

五、定额

定额也称为工作方式或运行方式,按运行持续的时间分为连续、短时和断续三种基本工作制。

六、接法

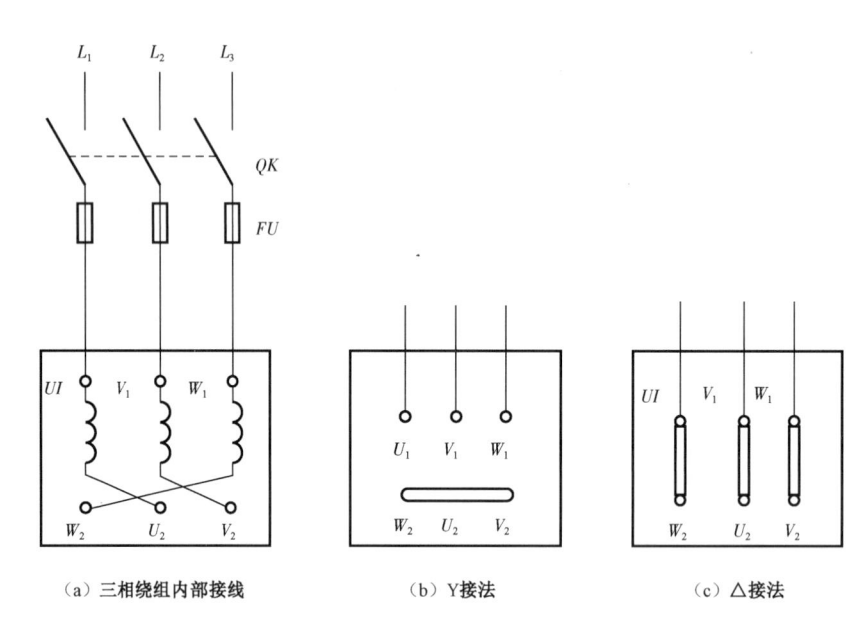

指电动机在额定电压下定子三相绕组的连接方法。分△形、Y 形、Y/△形等。如图 10-4 所示。

（a）三相绕组内部接线　　（b）Y 接法　　（c）△接法

图 10-4　电动机定子绕组接线图

七、额定频率

额定频率是指接入电动机的交流电源的频率,单位是赫(Hz)。我国电力系统的频率是 50Hz,所以使用的电动机也都应是 50Hz 的。

八、绝缘等级与温升

绝缘等级表示电动机所用绝缘材料的耐热等级。

各级绝缘电动机的允许温升:A 级绝缘允许极限温度为 105℃,允许温升为 60℃;E 级绝缘的允许极限温度为 120℃,允许温升 75℃;B 级绝缘允许极限温度为 130℃,允许温升 80℃;F 级绝缘允许极限温度为 155℃,允许温升为 100℃;H 级绝缘允许极限温度为 180℃,允许温升为 125℃;H 级绝缘允许极限温度为 180℃以上,允许温升为 125℃。上述温升是指绕组的工作温度与环境温度(一般指室温为 35℃,有些国产电动机规定为 40℃)之差值,单位是摄氏度(℃)。电动机工作温度的极限值主要取决于绝缘材料的耐热性能,工作温度超过允许值,会使绝缘材料老化,使电动机的寿命缩短,甚至烧毁。

九、型号

三相异步电动机的产品型号,由汉语拼音字母和数字组合而成。如:

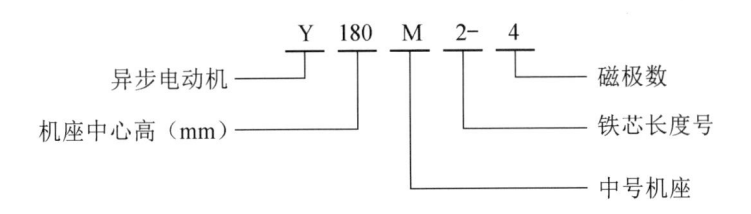

```
                Y 180 M 2- 4
异步电动机 ─┘   │  │ │  └─ 磁极数
机座中心高（mm）─┘  │ └─ 铁芯长度号
                    └─ 中号机座
```

十、起动转矩与起动能力

电动机加上额定电压起动(转速为零)时的电磁转矩称为起动转矩。

起动转矩 M_Q 与额定转矩 M_N 之比称为起动转矩倍数,即起动转矩倍数 $= M_Q/M_N$,是异步电动机起动性能的重要指标。

十一、最大转矩与过载能力

电动机从起动后,随着转速 n 的变化(或转差率 s 的改变)电磁转矩是不断变化的,有一个最大值,称为最大转矩或临界转矩,用 M_{max} 表示。

最大转矩是衡量电动机短时过载能力的一个重要技术指标。

最大转矩 M_{max} 与额定转矩 M_N 的比值,还称为异步电动机的过载能力,用 λ 表示,即

$$\lambda = \frac{M_{max}}{M_N}$$

电动机的过载能力,一般在 1.8~3 范围内。

十二、额定转矩

额定转矩 M_N 是指电动机在额定工作状态下,轴上允许输出的转矩值。

十三、功率因数

三相异步电动机的功率因数是衡量在异步电动机输入的视在功率中,能转换为机械功率的有功功率所占比重的大小。其值为输入的有功功率 P_1 与视在功率 S 之比,用 $\cos\varphi$ 来表示,即

$$\cos\varphi = \frac{P_1}{S} = \frac{P_1}{\sqrt{3}U_1 I_1}$$

式中　U_1——电动机的线电压,V;

I_1——电动机的线电流,A;

φ——电压与电流之间的相位角。

电动机功率因数的高低,会直接影响电力系统功率因数的高低,进而影响电气设备的利用率。一般异步电动机在额定工况下功率因数为 0.7~0.93,容量大的电动机功率因数高些;容量小、转速低的电动机功率因数低些。空载运行时功率因数很低,一般不超过 0.2。

十四、效率

电动机从电源吸取的有功功率,称为电动机的输入功率,而电动机转轴上输出的机械功率,称为输出功率,输出功率与输入功率的比值,称为效率。

十五、起动电流

电动机转速为零(静止)加上额定电压时的线电流,称为起动电流。异步电动机直接起动时,其起动电流很大,可达额定电流的 5~7 倍,起动电流也是异步电动机起动性能的重要指标。

第三节 异步电动机的起动

一、笼式异步电动机的起动

(一)全压起动

笼式异步电动机最简单的起动方法是全压起动,又称直接起动。起动时,将额定电压通过开关(刀开关、组合开关、低压断路器等)或接触器直接加在定子绕组上,使电动机起动。这种起动方法的优点是起动设备简单,起动迅速,缺点是起动电流大。当电源容量较大而电动机容量较小时,这种方法是可用的。

一般情况下,10kW 以上的电动机都不宜全压起动,应用降压起动。

(二)降压起动

利用起动设备将电压适当降低后,加到电动机的定子绕组上起动,以限制电动机的起动电流,等电动机转速升高后,再使电动机定子绕组上的电压恢复至额定值,这种方法称为降压起动。由于电动机转矩与电压平方成正比,所以降压起动时的起动转矩将大为降低,因此,降压起动方法仅适用于空载或轻载起动。

降压起动一般有下列三种方法:
(1)星形—三角形(Y—△)降压起动;
(2)自耦变压器降压起动;
(3)延边三角形降压起动。

二、线绕式异步电动机的起动

线绕式异步电动机是用三相起动变阻器来起动的。变阻器通过电刷与滑环串联在转子电路中。

起动前,将变阻器调到最大位置,使电阻全部接入转子电路;然后,随着电动机转速逐渐升高,将起

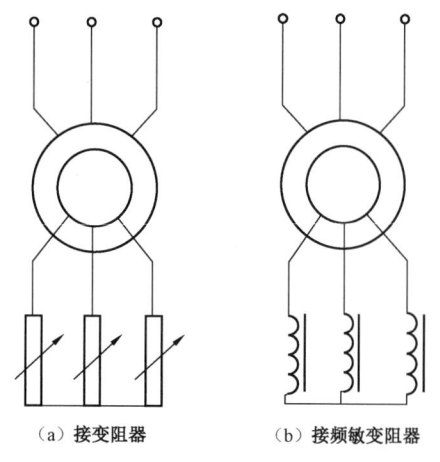

(a)接变阻器　(b)接频敏变阻器

图 10-5 绕线式电动机起动

电阻逐级切除,直到起动完毕后,通过短路装置将电阻全部切除,并将转子绕组短接。

转子电路中接入变阻器后,可限制起动电流增大。

由于线绕式异步电动机的起动转矩大,对于起动频繁、要求起动时间短和重载起动的机械(如起重机和卷扬机等)是很合适的。

第四节　异步电动机的运行与维护

一、电动机的运行

(一) 基本要求

(1) 在额定冷却空气温度(一般为35℃)下,电动机可按制造厂铭牌所规定的额定数据运行。

(2) 电动机线圈和铁芯的最高监视温度,应符合制造厂的规定,在任何运行方式下均不应超出此温度。

(3) 电动机一般可在额定电压变动 -5% ~ +10% 的范围内运行,其额定出力不变,如超过上述范围,应通过试验,确定电动机允许的负荷。

(4) 电动机在按额定出力运行时,相间电压不平衡程度不得超过5%。

(5) 电动机运行时,每个轴承测得的振动值,应符合规定。

(6) 电动机轴伸的径向偏摆最大允许值应满足规定值。

(7) 直流电动机在运行时,其换向器上可能出现火花。如无特殊要求,且在额定状态下运行时,火花等级应满足要求。

(二) 电动机起动前的要求

1. 对新投入或大修后投入运行的电动机的要求

(1) 三相交流电动机定子绕组、线绕式异步电动机的转子绕组的三相直流电阻偏差应小于2%。

(2) 电动机绕组的绝缘电阻应符合规定,电动机的绝缘电阻一般应大于表10-1的规定。

表10-1　电动机绝缘电阻最低允许值

电动机部位	额定电压,V							
	6000			500 以下			36 以下		
	绕组温度,℃							
	20	45	75	20	45	75	20	45	75
	绝缘电阻最低允许值,mΩ							
交流电动机定子绕组	25	15	6	3	1.5	0.5	1.15	0.1	0.05
线绕转子绕组和滑环				3	1.5	0.5	1.15	0.1	0.05
直流电动机电枢绕组和换向器				3	1.5	0.5	1.15	0.1	0.05

2. 长时间（如3个月以上）停用的电动机，投入运行前的要求

（1）用手电筒检查内部是否清洁，有无脏物，并用压缩空气（不超过两个大气压）或"皮老虎"吹扫干净。

（2）检查线路电压和电动机接法是否符合铭牌规定；电动机引出线与线路连接是否牢固，有无松动或脱落，机壳接地是否可靠。

（3）熔断器、断电保护装置、信号保护装置、自动控制装置均应调试到符合要求。

（4）检查电动机润滑系统：油质是否符合标准，有无缺油现象。对于强迫润滑的电动机，起动前还应检查油路系统有无阻塞，油温是否合适，循环油量是否合乎要求。电动机应经试运正常后方可起动。

（5）各紧固螺丝不得松动。

（6）测量绝缘电阻是否符合规定要求。

（7）检查传动装置：皮带不得过松或过紧，连接要可靠，无伤裂迹象，联轴器螺丝及销子应完整、坚固，不得松动少缺。

（8）通风系统应完好，通风装置和空气滤清器等部件应符合有关规定要求。

二、电动机的运行监视与维护

（一）电动机的运行监视

（1）电动机电流是否超过允许值。

（2）轴承的温度及润滑是否正常：电动机轴承的最高允许温度，应遵守制造厂的规定。无制造厂的规定时，可按照下列标准：

① 滑动轴承不得超过80℃。

② 滚动轴承不得超过100℃。

（3）电动机有无异常音响。

（4）对直流电动机和电刷经常压在滑环上运行的线绕式转子电动机，应注意电刷有否冒火或其他异常现象。

（5）注意电动机及其周围的温度，保持电动机附近的清洁，电动机周围不应有煤灰、水汽、油污、金属导线、棉纱头等，以免被卷入电动机内。

（6）由外部用管道引入空气冷却的电动机，应保持管道清洁畅通，连接处要严密，闸门应在正确位置上。对大型密闭式冷却的电动机，应检查其冷却水系统运行是否正常。

（7）按规定时间，记录电动机表计的读数、电动机起始停止的时间及原因，并记录所发现的一切异常现象。

（二）电动机运行中的事故停机

电动机在运行中，如出现异常现象，除应加强监视，迅速查明原因外，还应报告有关人员。如发生下列情况之一，应立即切断电源或去掉负荷，紧急停机。

（1）发生人身事故与运行中的电动机有关。

（2）电动机所拖动的机械发生故障。

(3)电动机冒烟起火。
(4)电动机轴承温度超过允许值,不停机将造成损坏。
(5)电动机电流超过铭牌规定值,或在运行中电流猛增,原因不明,并无法消除。
(6)电动机在发热和发出异声的同时,转速急剧变化。
(7)电动机内部发生冲击(扫膛、串轴)。
(8)传动装置失灵或损坏。
(9)电动机强烈振动。
(10)电动机的起动装置、保护装置、强迫润滑或冷却系统等附属设备发生事故,并影响电动机的正常运行。

(三)电动机的维护

电动机保养、维护的周期及要求,应根据电动机的容量大小、重要程度、使用状况及环境条件等因素决定,并订入现场规程中,现就一般情况按周期分别介绍如下:

1. 交接班时应进行的工作

(1)检查电动机各部位的发热情况。
(2)电动机和轴承运转的声音。
(3)各主要连接处的情况,变阻器、控制设备等的工作情况。
(4)直流电动机和交流滑环式电动机的换向器、滑环和电刷的工作情况。
(5)润滑油的油面高度。

2. 每月应进行的工作

(1)擦拭电动机外部的油污及灰尘,吹扫内部的灰尘及电刷粉末等。
(2)测定电动机的运行转速和振动情况。
(3)拧紧各紧固螺钉。
(4)检查接地装置。

3. 每半年应进行的工作

(1)清扫电动机内部和外部的灰尘、污物和电刷粉末等。
(2)调整电刷压力,更换或研磨已损坏的电刷。
(3)检查并擦拭刷架、刷握、滑环和换向器。
(4)全面检查润滑系统,补充润滑脂或更换润滑油。
(5)检查、调整通风、冷却系统。
(6)检查、调整传动机构。

4. 每年应进行的工作

(1)解体清扫电动机绕组、通风沟、接线板。
(2)测量绕组的绝缘电阻,必要时应进行干燥。
(3)检查滑环、换向器的不平度、偏摆度,超差时应修复。
(4)调整刷握与滑环、换向器之间的距离。

(5)检查清洗轴承及润滑系统,测定轴承间隙,更换磨损超出规定的滚动轴承,对损坏较重的滑动轴承应重新挂锡。

(6)更换已损坏的转子绑箍钢丝。

(7)测量并调整电动机定、转子间的气隙。

(8)清扫变阻器、起动器与控制设备、附属设备及其他机构,更换已损坏的电阻、触头、元件、冷却油及其他已损坏的零部件。

(9)检查、修理接地装置。

(10)调整传动装置。

(11)检查、校核、测试和记录仪表。

(12)检查开关及熔断器的完好状况。

第五节 异步电动机的常见故障与处理

一、电动机不能起动或达不到额定转速的原因与处理方法

(1)电源没接通(线路断线或熔丝熔断),要检查线路,接通线路或更换熔丝。

(2)起动设备或其他附属设备出故障,应检查这些设备并做相应的处理。

(3)连线点或电动机的Y接点接触不良,应清除锈污,紧固螺栓。

(4)线绕式电动机的电刷与滑环接触不良(有油污、弹簧压力不够,电刷与刷盒配合过紧,使电刷不能上下自由活动)应清除电刷和滑环的油污、脏物,按规定调整弹簧压力、电刷尺寸,使电刷与滑环接触良好。

(5)电压太低。检查电动机引出线处,发现电压太低时,应查明原因,或调整电源电压,或更换截面积大的输电导线。

(6)电动机外部接线错误,将△接法误接为Y接法,应改正接线法。

(7)定子绕组断线,使电动机电路不通或两相运行,应测量三相电流,如差别很大,甚至有的相电流为零,应立即停机,用万用表或电桥在引出线处检查绕组是否通路,找出断线处。

(8)转子断条、断线或脱焊,可将电动机定子绕组接于15%~30%额定电压的三相电源,缓慢旋转转子,根据定子电流的变化判断转子是否断条、断线和脱焊,确定后进行处理。

(9)电动机改极后,定、转子槽配合不当,应按具体情况改变绕组节距,或将转子直径车小0.5mm左右。

(10)大修后的电动机,由于内部接线错误,或将引出线某相始末头接错,此时接通电源即发生异常的电气蜂鸣声。应首先检查电动机的始末头是否正确,如无问题应再检查电动机的内部接线是否正确。

(11)负载过大或传动系统出故障。应检查负载和传动系统。

(12)周围环境温度太低,润滑脂变硬甚至冻住,应在轴承内浇注热机油。

(13)定、转子之间气隙严重不匀,电动机产生的单边磁拉力将转子"吸住",应重新组装、按规定调整电动机的气隙。

二、电动机声音不正常或振动的原因及处理方法

(1)定、转子线圈有轻微短路,造成电动机内部磁场不均匀,产生嗡嗡的异常声音。此时,可用电桥测定电动机绕组的三相直流电阻并加以比较,如相差很大,应进一步检查线圈是否短路,找出短路点,拆换短路线圈或包扎上绝缘后重新嵌入槽中。对线绕式转子亦可使转子静止,绕组开路,在定子绕组上施以三相额定电压,迅速测量转子三相开路电压与铭牌数值或本身三相比较,找出短路点并进行处理。

(2)电动机起动时,起动电流很大,如接地现象严重,会产生响声,振动也特别厉害,但起动后会趋于好转。这是因为电动机的绕组有接地处,造成磁场严重不均匀而产生的,应用兆欧表检查线圈是否接地。

(3)一相突然断路,电动机单相或两相运行,表现一相电流表指示零(电动机如△接线时电流不为零,但三相电流相差很大)。应立即停机并设法找出断路点。

(4)气隙不均使电动机发出周期性的嗡嗡声,甚至使电动机振动,严重时会发出急促的撞击声。此时应检查大盖止口与机座,轴承与轴、大盖的配合是否太松,气隙不均匀度和轴承磨损量是否超过规定要求,轴是否弯曲,大小盖螺丝是否均匀地拧紧,铁芯有无凸出部分。

(5)从轴承处传出连续或时隐时现的清脆响声,可能是轴承滚珠(或滚柱)定位架损坏或进入砂粒。这时应检查轴承,并进行清洗、修理或更换。

(6)底座或其他部分固定螺丝松动,应检查、坚固。

(7)传动系统不平衡,转子不平衡,应检查确定原因并予以消除。

(8)安装不妥,与负荷不同心或地基不符合规定,应予纠正。

(9)风扇与风罩或端盖间掉进脏物,应立即停机消除。

(10)电动机改极后,槽配合不当,可改变线圈跨距。不易解决时,可将转子外径车小0.5mm左右试之。

三、电动机过热的原因及处理方法

(1)负荷过大。应减轻负荷或更换大容量电动机。

(2)绕组局部短路或接地,轻时电动机局部过热,严重时绝缘烧坏,散发焦味甚至冒烟。应测量绕组各相的直流电阻,或寻找短路点,用兆欧表检查绕组是否接地。

(3)电动机外部接线错误,有以下两种情况:

① 应当△接法误接成Y接法,以致空载时电流很小,轻载时虽可带动负荷,但电流超过额定值,使电动机发热。

② 应当Y接法误接成△接法,以致空载时电流可能大于额定电流,使电动机温度迅速升高。

如属上述原因,可按正确方法更改接线。

(4)电源电压波动太大,应将电源电压波动范围控制在 -5% ~ +10% 之间,否则要控制电动机的负荷。

（5）大修后线圈匝数错误或某极、相、组接线错误,可通过测量电动机三相电流与铭牌或本身三相电流比较,发现问题,予以解决。

（6）大修后导线截面比原截面小,要降低负荷或更换绕组。

（7）定、转子铁芯错位严重,虽然空载电流三相平衡,但大于规定值,应校正铁芯位置并设法固定。

（8）电动机绕组或接线一相断路,使电动机仅两相工作。应检查三相电流,并立即切除电源,找出断路点并重新接好。

（9）鼠笼转子断条或存在缺陷,电动机运转1~2h,铁芯温度迅速上升,甚至超过绕组温度,重载或满载时,定子电流超过额定值。应查出故障点,重焊或更换转子。

（10）线绕式电动机的转子绕组焊接点脱焊,或检查时焊接不良,致使转子过热,转速和转矩明显下降。可检查转子绕组的直流电阻和各焊接点,重新焊接。

（11）电动机绕组受潮严重,或有灰尘、油污等附着于绕组上,以致绝缘降低。应测量电动机的绝缘电阻并进行清扫、干燥。

（12）电动机在短时间内起动过于频繁。应限制起动次数,正确选用热保护。

（13）定子、转子相碰,电动机发出金属撞击声,铁芯温度迅速上升,严重时电动机冒烟,甚至线圈烧毁。应拆开电动机,检查铁芯上是否有扫膛痕迹,找出原因,进行处理。

（14）环境温度太高,应改善通风、冷却条件或更换耐热等级更高的电动机。

（15）通风系统发生故障,应检查风扇是否损坏,旋转方向是否正确,通风孔道是否堵塞。

四、电动机轴承过热的原因及处理方法

（1）轴承损坏,检查滚动轴承的滚珠（或滚柱）或滑动轴承的轴瓦是否损坏。如有损坏应修理或更换。

（2）润滑油太脏或牌号不对时,应换油。

（3）轴承室内缺油,应加润滑脂充满2/3油室,或加润滑油至标准油面线。

（4）滚动轴承中润滑脂堵塞太多,滑动轴承中润滑油的温度过低或过高。应清除滚动轴承中过多的油脂,或将油室内的润滑脂充满至2/3。

（5）轴承与转轴、大盖配合不当,如太紧则使轴承变形,太松则易发生"跑套"。应检查并使之配合适当。

（6）由于组装不当,轴承未在正确位置,应检查组装情况并予以纠正。

（7）检修时换错了轴承型号,应改换正确型号的轴承。

（8）传动带过紧,应予调整。

五、转子线绕式电动机电刷冒火或滑环过热的原因及处理方法

（1）电刷牌号不符,应正确选用电刷。

（2）电刷尺寸不对,在刷盒中太松或太紧,不能上下自由活动。应选用适合的电刷,使之与刷盒间隙在0.1mm左右。

（3）电刷压力不足或过大。应按规定正确调整弹簧压力。

(4)滑环表面不平,或椭圆度、偏摆度超过规定要求。应修理滑环。

(5)电刷与滑环接触面有油污、脏物,应消除。

(6)电刷与滑环接触面积太大,应进行调整。

(7)电刷质量不好,或电刷电流密度太大。应改用质量好的电刷,更换刷握,增大电刷截面积。

(8)刷架或滑环松动,应予紧固。

第十一章　手持电动工具及移动式电气设备

手持电动工具包括手电钻、手砂轮、冲击电钻、电锤、手电锯等工具。移动式设备包括蛙夯、振捣器、水磨石磨平机、电焊机等电气设备。

第一节　分类、结构及选用

一、分类

（一）根据手持式电动工具不同的应用范围分类

（1）金属切削类：电钻、电动刮刀、电剪刀、电冲剪、电动型材切割机、电动型攻丝机等。

（2）砂磨类：电动砂轮机、电动砂光机、电动抛光机。

（3）装配类：电扳手、电动螺丝刀、电动脱管机。

（4）林木类：电刨、电插、电动带锯、电动木钻、电动打枝机、电动木工刃具砂轮机等。

（5）农牧类：电动剪毛机、电动采茶机、电动剪枝机、电动粮食插秧机、电动喷油机。

（6）建筑道路类：电动混凝土振动器、冲击电钻、电锤、电镐、电动地板刨光机、电动打夯机、电动地板砂光机、电动水磨石机、电动混凝土钻机。

（7）铁道类：铁道螺钉电扳手、枕木电钻、枕木电镐。

（8）矿山类：电动凿岩机、岩石电钻。

（9）其他类：电功骨钻、电动胸骨钻、石膏电钻、电动卷花机、电动地毯剪、电动裁布机、电动雕刻机、电动除锈机、电喷枪、电动锅炉去垢机。

（二）根据触电保护特性分类

按电击防护条件，电气设备分为0类、0Ⅰ类、Ⅰ类、Ⅱ类和Ⅲ类设备。

0类、0Ⅰ类、Ⅰ类设备都是仅有工作绝缘（基本绝缘）的设备，而且都可以带有Ⅱ类设备或Ⅲ类设备的部件。

区别如下：

（1）0类设备外壳上和内部不带电导体上都没有接地端子（保护导体接线端子）。

（2）0Ⅰ类设备的外壳上有接地端子。

（3）Ⅰ类设备外壳上没有接地端子，但内部有接地端子，自设备内引出带有保护插头的电源线。

（4）Ⅱ类是带有双重绝缘或加强绝缘的设备。Ⅱ类电动工具在明显部位（非金属处）标有Ⅱ类结构符号"回"字形标志。这类电动工具外壳有金属和非金属两种，但手持部分是非金属。

(5)Ⅲ类设备是安全电压(即特低电压)的设备。其额定电压不超过50V。

Ⅱ类设备和Ⅲ类设备都勿须采取接地或接零措施。

手持电动工具没有0类和0Ⅰ类产品,电动工具按触电保护分为:Ⅰ类、Ⅱ类、Ⅲ类。Ⅰ类手持电动工具安全性能差,已经停止生产。

二、结构

手持式电动工具的结构形式多样,一般由驱动部分、传动部分、控制部分、绝缘和机械防护部分组成。

(一)驱动部分

在工具中,一般是由电动机驱动它的传动机构,或者由电动机间接驱动。

许多不同种类的手持式电动工具采用单相串激电动机作为驱动部件。单相串激电动机转速高、体积小、起动转矩大、转速可调,既可以在直流电源上使用,也可以在单相交流电源上使用。单相串激电动机又称通用电动机,或称交直流两用电动机。

(二)传动部分

传动机构是工具的重要组成部分。它的作用是能量传递和运动形式转换。

(三)控制部分

工具的控制部分主要包括开关、插头、电缆以及控制装置等。

(四)绝缘和机械防护部分

绝缘部分是工具中的绝缘材料所构成的部件,其中包括基本绝缘和附加绝缘。

机械防护部分是指工具的外壳和机械保护罩等。

三、合理选用

选用规则:

(1)在一般场所,为保证使用的安全,应选用Ⅱ类工具。如果使用Ⅰ类工具,必须装设漏电保护器、安全隔离变压器等。否则,使用者必须戴绝缘手套,穿绝缘鞋或站在绝缘垫上。

(2)在潮湿的场所或金属构架上等导电性能良好的作业场所,必须使用Ⅱ类或Ⅲ类工具。如果使用Ⅰ类工具,必须装设额定漏电动作电流不大于30mA、动作时间不大于0.1s的漏电保护器。

(3)在狭窄场所如锅炉、金属容器、管道等应使用Ⅲ类工具。如果使用Ⅱ类工具,必须装设额定漏电动作电流不大于15mA、动作时间不大于0.1s的漏电保护器。

Ⅲ类工具的安全隔离变压器,Ⅱ类工具的漏电保护器及Ⅱ类、Ⅲ类工具的控制箱和电源联接器等必须放在外面,同时应有人在外监护。

(4)在特殊环境如湿热、雨雪以及存在爆炸性或腐蚀性气体的场所,使用的工具必须符合相应防护等级的安全技术要求。

第二节　安全技术措施

为了保护操作者的安全,应对工具采取安全措施。

一、保护接地或保护接零

保护接地或保护接零是Ⅰ类工具的附加安全预防措施。

(一)保护接地或接零线的技术要求

Ⅰ类工具的保护接地或接零线不宜单独敷设,应当和电源线采用同样的防护措施。电源线必须采用三芯(单相工具)或四芯(三相工具)、多股铜芯橡皮护套软电缆或护套软线。

(二)保护接地或接零的接线方法

380V/220V 低压供电系统,即采用将中性点工作接地的星形连接的三相四线制,工具应采用保护接零。在三角形接线无中性点或星形接线中性点不接地的供电系统中应采取保护接地。

在中性点接地的供电系统中的接线方法:
(1)所有用电设备的金属外壳与系统的零线可靠连接,禁止用保护接地代替保护接零。
(2)中性点工作接地的电阻应小于4Ω,并在每年雨季前进行检测。
(3)保护零线要有足够的机械强度,应采用多股铜线,严禁用单股铝线。
(4)每一台设备的接零连接线,必须分别与接零干线相连,禁止互相串联。
(5)不允许在零线设开关和保险。
(6)零线导电能力不得低于相线的1/2,其导电截面通过的电流大于或等于熔断器额定电流的4倍,大于或等于自动开关瞬时动作电流脱扣整定电流的1.25倍。

二、安全电压

在特别危险的场合,应采用安全电压的工具(Ⅲ类工具),应由独立电源或具备双线圈的变压器供电。如图11—1 所示。使用此类工具时,工具的外壳不应接零(或接地)。

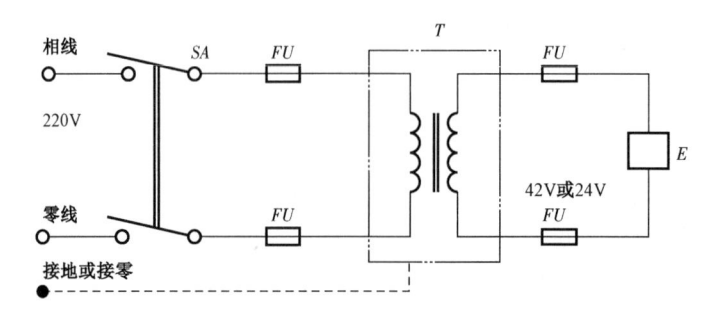

图11-1　双圈变压器接线图

三、隔离变压器

隔离变压器(图11-2)变压比是1:1,即原、副边电压是相等的。隔离变压器将原电网变成不接地电网,从而减少了触电危险。

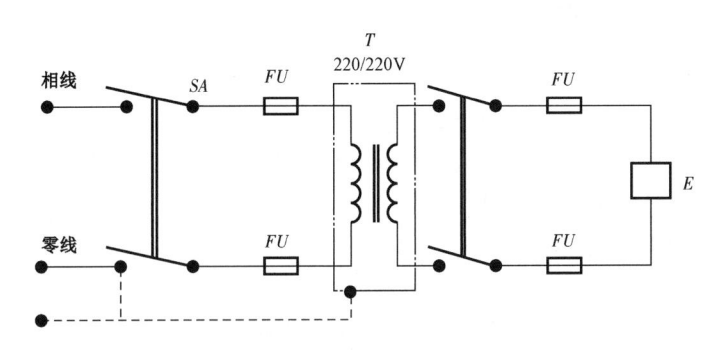

图11-2 隔离变压器接线图(变压比是1:1)

四、双重绝缘

Ⅱ类工具在防止触电保护方面属于双重绝缘工具。

双重绝缘的基本结构如图11-3所示。双重绝缘是指除基本绝缘(工作绝缘)之外,还有一层独立的附加绝缘。

加强绝缘是指绝缘材料机械强度和绝缘性能都增强的基本绝缘,它具有与双重绝缘相同的触电保护能力。

图11-3 双重绝缘结构示意图
1—带电体;2—工作绝缘;
3—保护绝缘;4—金属壳体

五、熔断器保护

熔断器利用电流的热效应在一定额定电流值时熔化并断开电路。熔断器额定值一般是工具铭牌上所示额定电流的1.5~2倍。

六、绝缘安全用具

Ⅰ类结构工具采用保护接地或接零,虽能抑制危险电压,但保护措施还是不够完善,因此,在使用工具时必须采用漏电保护器、安全隔离变压器等。当这两项措施实施发生困难时,工具的操作者必须戴绝缘手套、穿绝缘鞋(或靴)或站在绝缘垫(台)上。

七、漏电保护

一般讲,使用Ⅰ类工具时除采用其他保护措施之外,还应采取漏电保护措施,尤其是在潮湿的场所或金属构架上等导电性能良好的作业场所,如果使用Ⅰ类工具,必须装设漏电保护器。

第三节 使 用 要 求

一、手持电动工具的使用安全要求

使用手持电动工具安全要求：

(1)辨认铭牌，检查工具或设备的性能是否与使用条件相适应。

(2)检查其防护罩、防护盖、手柄防护装置等有无损伤、变形或松动。

(3)电动工具应设置单独控制的电源开关，必须实行"一机一闸一保护"，严禁两件以上电动工具(含插座)使用同一开关直接控制。电源开关应灵活可靠、接线有无松动。

(4)电源线应采用橡皮绝缘软电缆，单相用三芯电缆、三相用四芯电缆，电缆不得有破损或龟裂、中间不得有接头。电动工具的电源线不得任意接长或拆换。

(5)Ⅰ类设备应有良好的接零或接地措施，且保护导体应与工作零线分开；保护零线(或地线)应采用截面积 $0.75\sim1.5mm^2$ 以上的多股软铜线，且保护零线(地线)最好与相线、工作零线在同护套内。

(6)使用Ⅰ类手持电动工具应配合绝缘用具，并根据用电特征安装漏电保护器或采取电气隔离及其他安全措施。

(7)绝缘电阻合格，带电部分与可触及导体之间的绝缘电阻Ⅰ类设备不低于 $2M\Omega$、Ⅱ类设备不低于 $7M\Omega$。

(8)装设合格的短路保护装置。

(9)Ⅱ类和Ⅲ类手持电动工具修理后不得降低原设计确定的安全技术指标。

(10)用毕及时切断电源，并妥善保管。

(11)不宜在易燃易爆或腐蚀性气体的场所使用手持式电动工具，特殊情况下使用时，工具必须符合相应的防护等级的安全技术要求，必须采取可靠的安全控制措施。

二、交流弧焊机的安全要求

安装和使用交流弧焊机应注意以下问题：

(1)安装前应检查弧焊机是否完好；绝缘电阻是否合格(一次绝缘电阻不应低于 $1M\Omega$、二次绝缘电阻不应低于 $0.5M\Omega$)。

(2)弧焊机应与安装环境条件相适应，弧焊机应安装在干燥、通风良好处，不应安装在易燃易爆环境、有腐蚀性气体的环境、有严重尘垢的环境或剧烈振动的环境，并应避开高温、水池处。室外使用的弧焊机应采取防雨雪、防尘土的措施。工作地点远离易燃易爆物品，下方有可燃物品时应采取适当安全措施。

(3)焊接电缆应轻便柔软，具有良好的绝缘外层，耐磨损，电缆外皮必须完整、绝缘良好，外皮有破损时应及时整改或更换。

(4)弧焊机一次额定电压应与电源电压相符合，接线应正确，应经端子排接线；多台焊机尽量均匀地分接于三相电源，以尽量保持三相平衡。

(5)电焊机等电器设备不带电的金属外壳应采取可靠的保护接零或保护接地措施，采取保护接地措施时，其接地电阻应不大于4Ω，并安装有效的漏电保护装置。

（6）弧焊机一次侧熔断器熔体的额定电流略大于弧焊机的额定电流即可；但熔体的额定电流应小于电源线导线的许用电流。

（7）二次线长度一般不应超过20～30m，否则，应验算电压损失。

（8）弧焊机二次侧焊钳连接线不得接零（或接地），二次侧的另一条线也只能一点接零（或接地），以防止部分焊接电流经其他导体构成回路。

（9）移动焊机必须停电进行。

为了防止运行中的弧焊机熄弧时70V左右的二次电压带来电击的危险，可以装设空载自动断电安全装置。这种装置还能减少弧焊机的无功损耗。

三、机械防护装置

手持式电动工具，无论是切割（削）工具或研磨工具，在高速旋转、往复运行或振动时，会带来意外危险，因此，必须按有关标准安装防护装置，如防护罩、保护盖等。没有防护装置或防护装置不齐全的，严禁使用。

第四节　工　具　管　理

一、管理内容

根据手持式电动工具的使用状况和国家有关标准规定，其管理制度的内容包括：

（1）选购和储运管理制度：选购工具时，必须选用合格的产品，并有详细的说明书，说明工具使用的安全技术要求，包括注意事项、可能出现的危险和相应的预防措施等。

在正常的运输时必须不因震动、受潮等而影响安全技术性能。

必须存放在干燥、无有害气体和腐蚀性化学品的场所，由具有专业技术知识的人员负责保管。

（2）不同类型工具的使用场合与措施：如在一般场合，尽力选用Ⅱ类工具；采用Ⅰ类工具时，必须同时采用其他安全保护措施；在狭窄场所，如锅炉、金属容器、管道内等，应使用Ⅲ类工具。

（3）保养、检查、维修制度：建立正常的发放和保养制度。建立正常的检查和维修制度，由专（兼）职人员定期对工具全面检查。工具的维修必须送专门修理的单位，必须经检验合格后，方可使用。

二、建立安全技术管理档案

安全技术管理档案的内容一般包括：工具的使用说明书和有关安全技术资料、合格证以及工具台账、检验记录、维修记录、使用记录等。

（1）使用说明书、合格证：使用说明书是工具的基本证明材料，对工具的性能、安全要求有明确的规定，是档案中不可缺少的资料。

（2）工具台账：按照工具和种类分类建立台账，以便于根据工作情况选用工具，掌握现有工具的种类和数量,及时作出增添或报废工具的计划。

（3）检验记录:建立日常、定期和抽样检验记录账簿,以便于记录工具的检验情况。

定期测量工具的绝缘电阻。使用500V或1000V兆欧表测量。绝缘电阻值见表11-1。

表11-1 绝缘电阻值

测量部位	绝缘电阻,MΩ		
	Ⅰ类电动工具	Ⅱ类电动工具	Ⅲ类电动工具
带电零件与外壳之间	2	7	1

（4）维修记录:若经检验发现工具存有隐患或故障,需要维修时,要做好记录。

（5）使用与保养记录:日常使用工具,应建立工具"借""还"规定,并作记录。工具使用后进行检验、保养和记录。发现隐患或故障,加以排除。

第十二章　电容器及互感器

电力电容器是电力系统中经常使用的元件,它的主要作用是并联在线路上以提高线路的功率因数。

互感器是用来按比例变换交流电压或交流电流的仪器。它包括变换交流电压的电压互感器和变换交流电流的电流互感器。

第一节　电力电容器结构及安装

电力电容器分为高压和低压两大类,高压电力电容器以 6.3kV 和 10.5kV 的使用最多。低压电力电容器主要是 0.4kV 的使用最多。图 12-1 为电力电容器。

图 12-1　电力电容器

一、结构和型号

电容器由外壳和内芯组成。外壳用密封钢板焊接而成。外壳上装有出线绝缘套管和接地螺钉。内芯由一些电容元件串、并联组成。电容元件用铝箔制作电极、用电容器纸或复合绝缘膜作为绝缘介质。

电容器的额定电压多为 0.4kV 和 10.5kV,也有 0.23kV、0.525kV、6.3kV 等额定电压的产品。

二、电容器安装

电容器所在环境温度不应超过 40℃、周围空气相对湿度不应大于 80%、海拔高度不应超过 1000m;周围不应有腐蚀性气体或蒸气,不应有大量灰尘或纤维;所安装环境应无易燃、易爆危险或强烈震动。

电容器室应为耐火建筑,耐火等级不应低于二级;应有良好的通风。

总油量 300kg 以上的高压电容器应安装在单独的防爆室内;总油量 300kg 以下的高压电

容器和低压电容器应视其油量的多少安装在有防爆墙的间隔内或有隔板的间隔内。

电容器应避免阳光直射,受阳光直射的窗玻璃应涂以白色。

电容器分层安装时一般不超过三层,层与层之间不得有隔板,相邻电容器之间的距离不得小于 50mm,上、下层之间的净距不应小于 20cm,下层电容器底面对地高度不宜小于 30cm。电容器铭牌应面向通道。

电容器外壳和钢架均应采取接 PE 线措施。

电容器应有合格的放电装置。

高压电容器组和总容量 30kvar 及以上的低压电容器组,每相应装电流表;总容量 60kvar 及以上的低压电容器组应装电压表。

三、电容器接线

三相电容器内部为三角形接线;单相电容器应根据其额定电压和线路的额定电压确定接线方式;电容器额定电压与线路线电压相符时采用三角形接线;电容器额定电压与线路相电压相符时采用星形接线。

为了取得良好的补偿效果,应将电容器分成若干组分别接向电容器母线,每组电容器应能分别控制、保护和放电。

电容器的几种基本接线方式如图 12-2 所示。

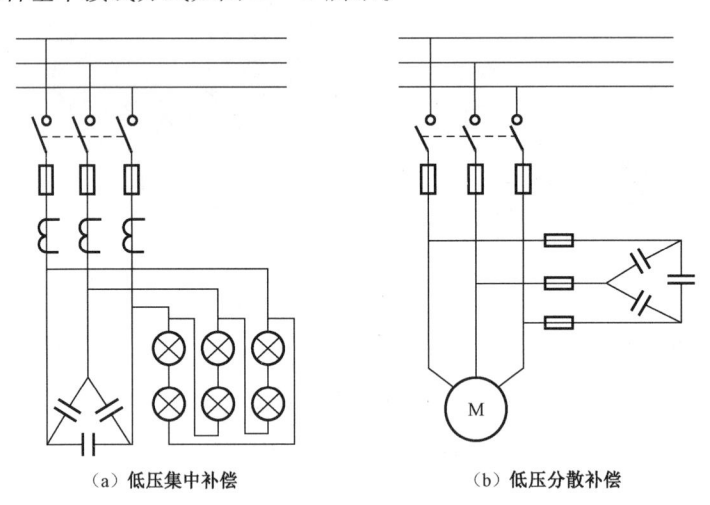

(a) 低压集中补偿　　　　(b) 低压分散补偿

图 12-2　电容器接线

第二节　电容器安全运行

一、电容器运行要求

电容器运行中电流不应长时间超过电容器额定电流的 1.3 倍。电压不应长时间超过电容器额定电压的 1.1 倍。电容器使用环境温度不得超出规定的限值。电容器外壳温度不得超过生产厂家的规定值(一般为60℃或65℃)。

电容器各接点应保持良好,不得有松动或过热迹象;套管应清洁,并不得有放电痕迹;外壳不应有明显变形,不应有漏油痕迹。电容器的开关设备、保护电器和放电装置应保持完好。

二、电容器投入或退出

正常情况下,应根据线路上功率因数的高低和电压的高低投入或退出并联电容器。当功率因数低于0.9、电压偏低时应投入电容器组;当功率因数趋近于1且有超前趋势、电压偏高时应退出电容器组。

当运行参数异常,超出电容器的工作条件时,应退出电容器组。如果电容器三相电流明显不平衡,也应退出运行,进行检查。

发生下列故障情况之一时,电容器组应紧急退出运行:
(1)连接点严重过热甚至熔化。
(2)瓷套管严重闪络放电。
(3)电容器外壳严重膨胀变形。
(4)电容器或其放电装置发出严重异常声响。
(5)电容器爆破。
(6)电容器起火、冒烟。

三、电容器操作

进行电容器操作应注意以下几点:
(1)正常情况下全站停电操作时,就先拉开电容器的开关,后拉开各路出线的开关;正常情况下全站恢复送电时,就先合上各路出线的开关,后合上电容器线的开关。
(2)全站事故停电后,应拉开电容器的开关。
(3)电容器断路器跳闸后不得强送电;熔丝熔断后,查明原因之前,不得更换熔丝送电。
(4)不论是高压电容器还是低压电容器,都不允许在其带有残留电荷的情况下合闸。否则,可能产生很大的电流冲击。电容器重新合闸前,至少应放电3min。
(5)为了检查、修理的需要,电容器断开电源后,工作人员接近之前,不论该电容器是否装有放电装置,都必须用可携带的专门放电负荷进行人工放电。

四、电容器保护

(1)低压电容器组总容量不超过100kvar时,可用交流接触器、刀开关、熔断器或刀熔开关保护和控制;总容量100kvar以上时,应采用低压断路器保护和控制。
(2)低压电容器用熔断器保护时,单台电容器可按电容器额定电流的1.5~2.5倍选用熔体的额定电流;多台电容器可按电容器额定电流之和的1.3~1.8倍选用熔体的额定电流。

五、电容器故障判断与处理

(1)渗漏油。渗漏油主要由产品质量不高或运行维护不周造成。外壳轻度渗油时,应将渗油处除锈、补焊、涂漆,予以修复;严重渗漏油时应予更换。

（2）外壳膨胀。主要由电容器内部分解出气体或内部部分元件击穿造成。外壳明显膨胀应更换电容器。

（3）温度过高。主要由过电流（电压过高或电源有谐波）或散热条件差造成，也可能由介质损耗增大造成。应严密监视，查明原因，作针对性的处理。如不能有效地控制过高的温度，则应退出运行；如是电容器本身的问题，应予更换。

（4）套管闪络放电。主要由套管脏污或套管缺陷造成。如套管无损坏，放电仅由脏污造成，应停电清扫，擦净套管；如套管有损坏，应更换电容器。处理工作应停电进行。

（5）异常声响。异常声响由内部故障造成。异常声响严重时，应立即退出运行，并停电更换电容器。

（6）电容器爆破。由内部严重故障造成。应立即切断电源，处理完现场后更换电容器。

（7）熔丝熔断。如电容器熔丝熔断，不论是高压电容器还是低压电容器，均应查明原因，并作适当处理后再投入运行。否则，可能产生很大的冲击电流。

第三节　电压互感器

一、电压互感器的结构

电压互感器实际上就是一个降压变压器，能将一次侧的高电压变换成二次侧的低电压，一次侧的匝数远多于二次侧的匝数，结构与原理可参考变压器。

电压互感器二次线圈额定电压为100V。

二、电压互感器的种类

按绝缘形式，分为油浸式、干式、浇注式等形式的电压互感器；按照相数，分为单相电压互感器和三相电压互感器；按结构型式，分为五柱三线圈式、接地保护式、带补偿线圈式等型式的电压互感器。

三、电压互感器接线

电压互感器的接线如图12-3所示。

电压互感器的安装接线应注意以下问题：

（1）二次回路接线应采用截面积不小于1.5mm^{2}的绝缘铜线，排列应当整齐，连接必须良好，盘、柜内的二次回路接线不应有接头。

（2）电压互感器的外壳和二次回路的一点应良好接地。用于绝缘监视的电压互感器的一次绕组中性点也必须接地。

（3）为防止电压互感器一、二次短路的危险，一、二次回路都应装有熔断器。

（4）电压互感器二次回路中的工作阻抗不得太小，以避免超负荷运行。

（5）电压互感器的极性和相序必须正确。

(a) 单台互感器接线　　(b) V/V形接线

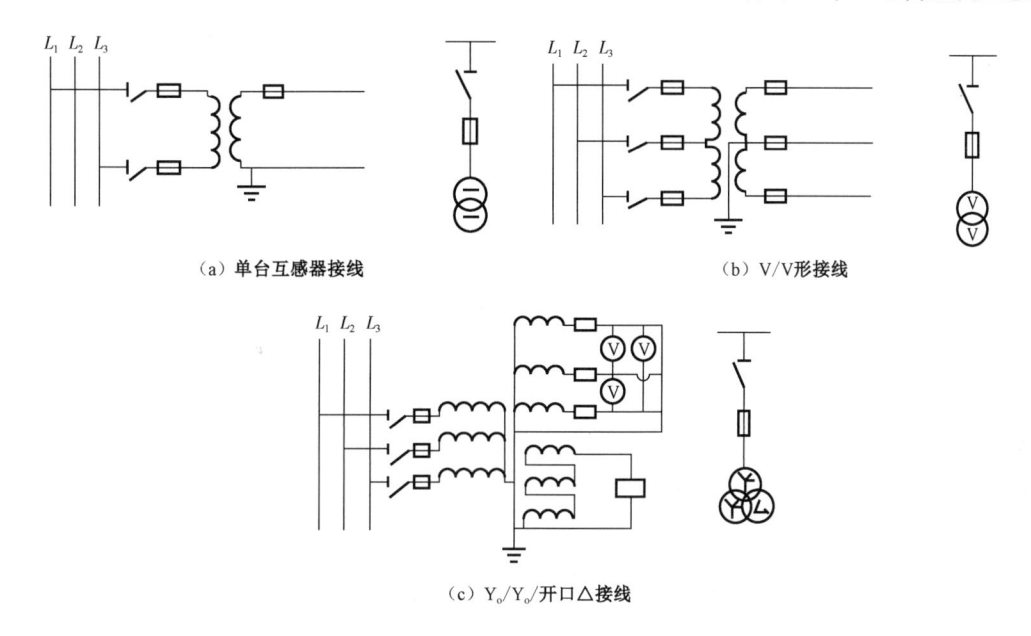

(c) Y_o/Y_o/开口△接线

图 12-3　电压互感器接线

四、电压互感器的安全运行

(1) 熔断器是电压互感器唯一的保护装置,必须正确选用和维护。

(2) 更换电压互感器的二次侧熔断器的熔管前应拉开互感器一次侧隔离开关,将互感器退出运行,并取下二次侧熔断器的熔管。

(3) 巡视检查电压互感器过程中,应注意有无放电声及其他噪声、有无冒烟、有无异常气味、瓷绝缘表面是否发生闪络放电等现象。

(4) 运行中的电压互感器发生较严重故障时应停电检修。

第四节　电流互感器

一、电流互感器的结构

电流互感器类似一台一次线圈匝数少、二次线圈匝数多的变压器。运行中的电流互感器又类似工作在短路状态的变压器。

电流互感器的二次线圈额定电流是5A。

二、电流互感器的种类

按绝缘形式,可分为瓷绝缘、浇注绝缘等形式的电流互感器;按安装方式,可分为支柱式、穿墙式、母线式等形式的电流互感器。

三、电流互感器接线

电汉互感器的接线如图12-4所示。

(a）单台互感器接线　　　　　　　（b）Y形接线

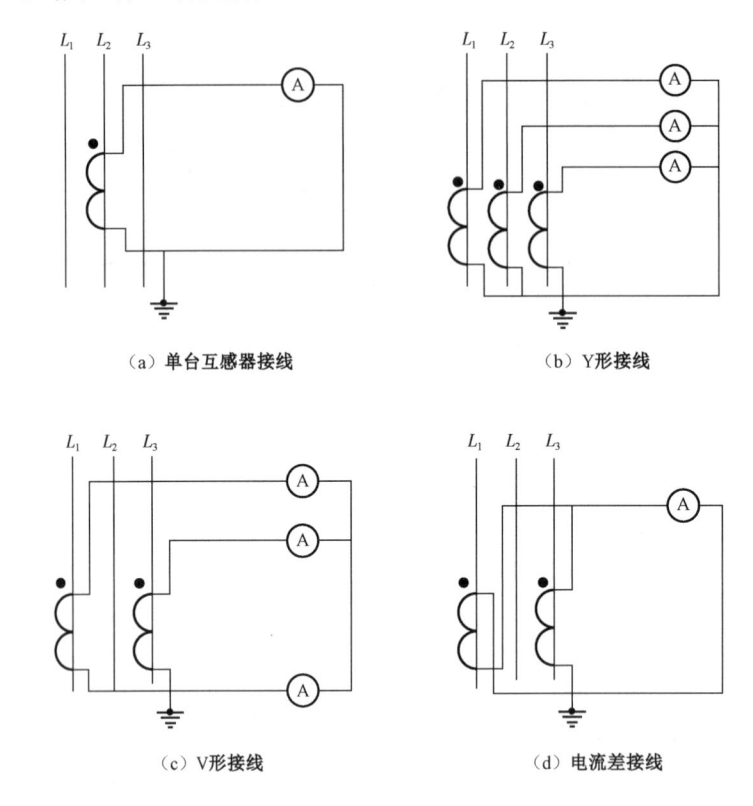

(c）V形接线　　　　　　　　　　（d）电流差接线

图12-4　电流互感器接线

电流互感器的安装接线应注意以下问题：

(1)二次回路接线应采用截面积不小于2.5mm²的绝缘铜线，排列应当整齐，连接必须良好，盘、柜内的二次回路接线不应有接头。

(2)为了减轻电流互感器一次线圈对外壳和二次回路漏电的危险，其外壳和二次回路的一点应良好接地。

(3)对于接在线路中的没有使用的电流互感器，应将其二次线圈短路并接地。

(4)为避免电流互感器二次开路的危险，二次回路中不得装熔断器。

(5)电流互感器二次回路中的总阻抗不得超过其额定值。

(6)电流互感器的极性和相序必须正确。

四、电流互感器安全运行要点

(1)运行中的电流互感器二次侧不得开路。

(2)电流互感器不得长时间过负荷运行，只允许在1.1倍额定电流下长时间运行。

(3)电流互感器巡视检查的主要内容是检查各接点有无过热现象、有无异常气味和异常声响，瓷质部分是否清洁、有无放电痕迹。对于充油型电流互感器，还应检查油面是否正常、有无渗油、漏油等。

(4)检查运行中的电流互感器是否出现过热、螺纹松动、连接点打火、冒烟、声音异常(放电声等噪声)、焦糊气味、严重渗油或漏油等故障现象。

第十三章　电工仪表及测量

本章介绍了电工仪表的种类、工作原理,电流、电压、电能的测量,以及万用表、钳形电流表、兆欧表、直流电桥等知识。

第一节　电气测量的基本知识

电工测量就是将被测的电量或电参数与同类标准量进行比较,从而确定出被测量大小的过程。

一、电工仪表的分类

(1)按仪表的工作原理分,有磁电式仪表、电磁式仪表、电动式仪表和感应式仪表。此外还有铁磁电动式仪表、整流磁电式表、静电式仪表等。

(2)按使用方法分为安装式和可携式两种。

(3)按测量对象的名称分,有电流表、电压表、功率表、电能表、功率因数表、频率表以及多种测量用途的万用表等。

(4)按准确度等级分类有:0.1、0.2、0.5、1.0、1.5、2.5、5.0 七个等级。

二、电工仪表的常用符号

电工仪表的常用符号见表 13 – 1。

表 13 – 1　电工仪表的常用符号

符号	符号内容	符号	符号内容
∩	磁电式仪表	①1.5	精度等级 1.5 级
⋛	电磁式仪表	‖‖	外磁场防护等级Ⅲ级
⊟	电动式仪表	☆2	耐压试验 2kV
∩ (带二极管)	整流磁电式仪表	⊓	水平放置使用
∩×	磁电比率式仪表	⊥	垂直安装使用
⊙	感应式仪表	∠60°	倾斜 60°安装使用

三、常用电工仪表简介

(一)磁电式仪表

(1)磁电式测量机构的结构:包括永久磁铁、极掌、铁芯、线圈、游丝、指针、平衡锤、转轴。

(2)磁电式仪表的工作原理:磁电式测量机构是根据通电线圈在磁场中受到电磁力矩而发生偏转的原理制成的。指针偏转的角度与流经线圈的电流成正比。

(二)电磁式仪表

目前安装式交流电流表、电压表大部分都采用电磁式测量机构。根据其结构型式的不同,可分为吸引型和排斥型两类。

1. 吸引型电磁式仪表

(1)结构:

吸引型电磁式仪表主要由以下几部分组成:固定线圈和偏心装在转轴的可动铁芯、转轴上,还装有指针、阻尼翼片、游丝。

(2)工作原理:

当线圈通有电流时,产生磁场,偏心铁片被磁化,从而与固定线圈互相吸引,产生偏心力矩,带动指针偏转。在线圈通有交流电流的情况下,由于两铁片的极性同时改变,所以仍然产生推斥力。

结论:指针偏转的角度与直流电流或交流电流有效值的平方成正比。

因指针的偏转角度与直流电流或交流电流有效值平方成正比,所以仪表标度尺上的刻度是不均匀的。

2. 排斥型电磁式仪表

电磁式仪表构造简单;价格低廉,可用于交直流,能测量较大的电流,允许较大的过载。但由于刻度不均匀,易受外界磁场及铁片中磁滞和涡流(测量交流时)的影响,因此准确度不高。

(三)电动式仪表

1. 电动式仪表的结构

主要由固定线圈和可动线圈及其他部件组成。可动线圈与指针及空气阻尼器的活塞都固定在轴上。

2. 电动式测量机构工作原理

当两个线圈中都流过电流时,可转动线圈受力并带动指针偏转。电动式仪表可直接用于交、直流测量;精度较高。电动式仪表制作电压表或电流表时,刻度盘分度不均匀(制作功率表时,刻度盘分度均匀);结构上也应有抗干扰设计。电动式仪表常用来制作功率表、功率因数表等表计。

(四)感应式仪表

感应式仪表主要用于做成电能表测量交流电能。

1. 感应式电能表的结构

感应式电能表主要由驱动元件、转动元件、计算铝盘转数的计度器及产生制动力矩的制动元件等组成。

2. 感应式电能表工作原理

当电压线圈和电流线圈通过交流电流时,就有交变的磁通穿过转盘,在转盘上感应出涡流,涡流与交变磁通相互作用产生转动力矩,从而使转盘转动。

第二节　电流与电压的测量

一、电流的测量

(一)仪表型式和量程的选择

(1)测量直流时,可使用磁电式、电磁式或电动式仪表,由于磁电式的灵敏度和准确度最高,所以使用最为普遍。

(2)测量交流时,可使用电磁式、电动式或感应式等仪表,其中电磁式应用较多。

(3)要根据待测电流的大小来选择适当的仪表,使被测的电流处于该电表的量程之内,在测量之前,要对被测电流的大小有个估计,或先使用较大量程的电流表来试测,然后,再换用一个适当量程的仪表。

(二)测量电流的接线

1. 直流电流的测量

测量直流电流时,要注意仪表的极性和量程。

在用带有分流器(RA)的仪表测量时,应将分流器的电流端钮(外侧二个端钮)接入电路中。

注意:在测量较高电压电路的电流时,电流表应串联在被测电路中的低电位端,以利于操作人员的安全。

电流表的接入方法如图 13-1 和图 13-2 所示。

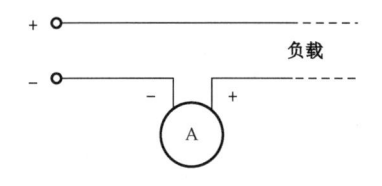

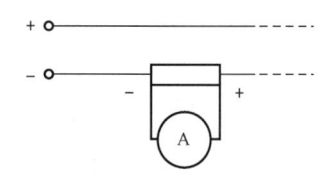

图 13-1　电流表直接接入法　　　图 13-2　带有分流器的接入法

2. 交流电流的测量

在测量大容量的交流电时,常借助于电流互感器来扩大电表的量程,电流表的内阻越小,测出的结果越准确。电流表的接入方法如图 13-3 和图 13-4 所示。

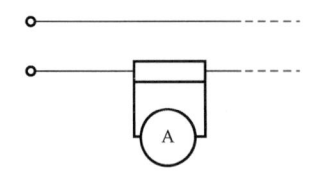

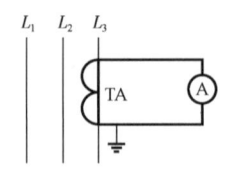

图 13-3　电流表直接接入法　　图 13-4　通过电流互感器测量交流电流的接线图

二、电压的测量

(一)电压表型式和量程的选择

低压配电装置的电压一般为 380V/220V，在进行测量时，应使用量程大于 450V 的仪表。

(二)接线方式

测量电路的电压时，应将电压表并联在被测电压的两端。使用磁电式仪表测量直流电压时，还要注意仪表接线钮上的"+""-"极性标记，不可接错。

为安全起见，600V 以上的交流电压，一般不直接接入电压表。工厂中变压系统的电压，均要通过电压互感器，将二次侧的电压变换到 100V，再进行测量。

电压表的接线如图 13-5 和图 13-6 所示。

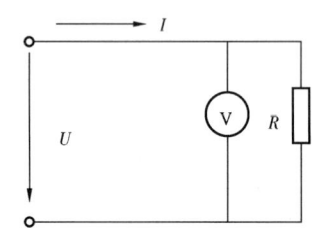

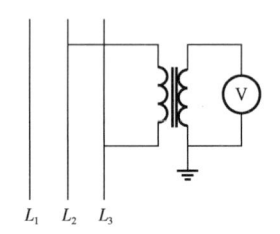

图 13-5　电压表的接线　　图 13-6　通过电压互感器测量单相交流电压的接线图

第三节　钳形电流表

一、构造与原理

(一)互感器式钳形电流表

钳形电流表的最大优点是能在不停电的情况下测量电流，而且携带方便。

当握紧钳形电流表的把手时，其铁芯张开，将被测电流的导线放入钳口中，松开把手后铁芯闭合，通有被测电流的导线就成为电流互感器的原边，于是在副边就会产生感生电流，并送入整流式电流表进行测量。电流表的标度尺是按原边电流刻度的，所以仪表的读数就是被测导线中的电流值。

注意：互感器式钳形电流表只能测量交流电。

(二)电磁式钳形电流表

主要由电磁式测量机构组成被测电流导线、动铁片、磁路系统等几部分组成。处在铁芯钳口中的导线相当于电磁式测量机构中的线圈,当被测电流通过导线时,在铁芯中产生磁场,使可动铁片磁化,产生电磁推力带动指针偏转,指示出被测电流的大小。

注意:由于电磁式仪表可动部分的偏转方向与电流极性无关,因此可以交直流两用。

钳形电流表如图13-7所示。

图13-7 钳形电流表

二、钳形电流表的使用

(1)测量前先估计被测电流的大小,选择合适的量程。
(2)测量时应将被测载流导线置于钳口中央,以避免增大误差。
(3)钳口要结合紧密。
(4)测量5A以下较小电流,为使读数准确,条件许可情况下,可将被测导线多绕几圈放入钳口进行测量。
(5)测量完毕,一定要将仪表量程开关置于最大量程位置。

第四节 万 用 表

一、万用表结构及工作原理

万用表是电工测量中常用的多用途、多量程的可携式仪表。它可以测量直流电流、直流电压、交流电压、电阻等电量,有的万用表还可以测量交流电流、电容量等。

万用表的表头是一个磁电式测量机构,万用表的结构主要由测量机构(俗称表头)、测量线路、转换开关等部分组成。如图13-8所示。

(一)直流电流的测量

测量直流电流时,被测电流从"+"端流入,"-"端流出。

图 13-8　万用表

(二) 直流电压的测量

测量直流电压时，被测电压加在"＋""－"两端。

(三) 电阻测量

测量电阻时，将表内电池接入电路。被测电阻接在万用表的"＋""－"端，表头内就有电流通过，如果被测电阻未接入，则输入端开路，表内无电流通过，指针不偏转，所以欧姆挡标度尺的左侧是"∞"符号；如果输入端短路，则被测电阻为0，此时指针偏转角最大，所以标度尺的右侧是"0"。

万用表中的干电池使用久了或存放时间长了端电压就会下降。这时，如将输入端短接，指针并不指0，此时，可调节万用表头上的调零电位器，使指针回0。

(四) 交流电压测量

由于磁电式机构只能测量直流，故在测量交流电压时，需把交流变成直流后进行测量。拨动表盘相应转换开关，可以得到不同的电压量程。

二、万用表使用方法及注意事项

（1）测量前应认真检查表笔位置，红色表笔应接在标有"＋"号的接线柱上（内部电池为负极），黑色表笔应接在标有"－"号的接线柱上（内部电池为正极）。

（2）根据测量对象，将转换开关拨到相应挡位。有的万用表有两个转换开关，一个选择测量种类，另一个改变量程，在使用时应先选择测量种类，然后选择量程。

（3）读数时，要根据测量的对象在相应的标尺读取数据。

（4）测量电阻时应注意以下事项：

① 选择适当的倍率挡，使指针尽量接近标度尺的中心部分，以确保读数比较准确。

② 测量电阻之前，或调换不同倍率挡后，都应将两表笔短接，用调零旋钮调零，调不到零位时应更换电池。

③ 用万用表测量半导体元件的正、反向电阻时，应用 $R×100$ 挡，不能用高阻挡，以免损坏半导体元件。

④ 严禁用万用表的电阻挡直接测量微安表、检流计、标准电池等类仪器仪表的内阻。
（5）测量电压、电流时注意事项：
① 要有人监护，如测量人不懂测量技术，监护人有权制止测量工作。
② 测量时人身不得触及表笔的金属部分，以保证测量的准确性和安全。
③ 测量高电压或大电流时，在测量中不得拨动转换开关，若不知被测量有多大时，应将量限置于最高挡，然后逐步向低量限挡转换。
④ 注意被测量的极性，以免损坏。

第五节　兆　欧　表

一、兆欧表的构造

一般的兆欧表只要由手摇直流发电机、磁电式比率表以及测量线路组成。磁电式比率表的主要构造是一个永久磁铁和两个固定在同一转轴且彼此相差一定角度的线圈。一个线圈与电阻 R 串联，另一个线圈与被测电阻 R_x 串联，两者并联接于直流电源。

二、兆欧表的工作原理

测量时，两个线圈通过电流 I_1 和 I_2，分别受到磁场的作用，产生两个方向相反的转矩，仪表的可动部分在转矩的作用下发生偏转，直到两个线圈产生的转矩平衡。

注意：兆欧表表头与一般磁电式仪表不同，它是用电磁力代替游丝产生反作用力矩的仪表。另外，空气隙中的磁感应强度不均匀；指针的偏转角与电源电压的变化无关，电源电压 U 的波动对转动力矩和反作用力矩的干扰是相同的，因此兆欧表的准确度与电压无关。但测量绝缘电阻时，绝缘电阻值与所承受的电压有关。

三、兆欧表的选择、使用与维护

（一）欧表的选择

（1）额定电压一定要与被测电气设备或线路的工作电压相适应。
（2）测量范围要与被测绝缘电阻的范围相符合，以免引起大的读数误差。

（二）兆欧表的接线

测量电气设备对地的绝缘电阻时，应将 L 端接到被测设备上，E 端可靠接地。但测量表面不干净或潮湿的电缆的绝缘电阻时，为了准确测量，就必须使用 G 端，将其接在电缆绝缘层上，G 端的作用是屏蔽表面泄漏电流。用兆欧表测量绝缘电阻的接线图如图 13-9 所示。

（三）兆欧表的检查

测量前，摇动手摇发电机到 120r/min 的额定转速，观察指针是否指向无穷大；再将 L 端和 E 端端接，缓慢摇动手柄，观察指针是否回零，否则说明兆欧表有故障，必须检修。

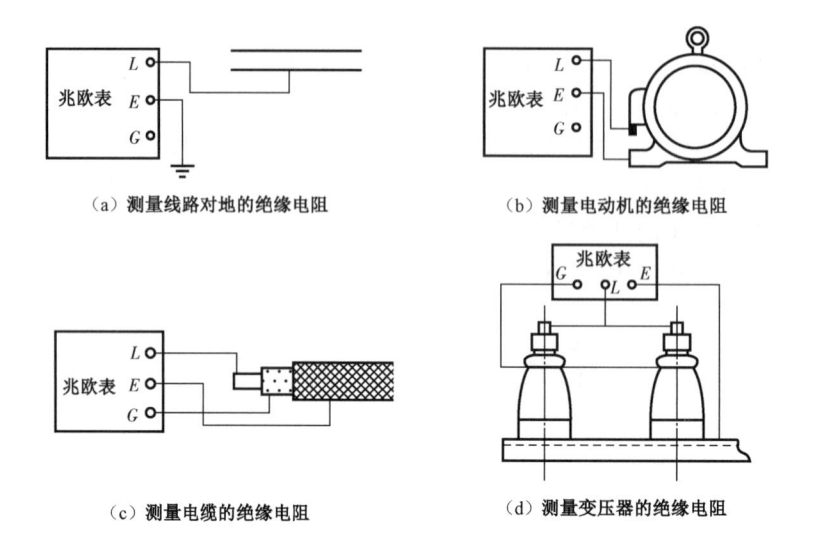

(a) 测量线路对地的绝缘电阻　　(b) 测量电动机的绝缘电阻

(c) 测量电缆的绝缘电阻　　(d) 测量变压器的绝缘电阻

图 13-9　用兆欧表测量接线图

(四) 使用兆欧表的注意事项

测量过程中必须在被测设备和线路停电的状态下进行;连接导线不能采用双股绝缘线或绞线;摇动手柄应由慢渐快至额定转速;测量大电容设备的绝缘电阻,读数后不能立即停止摇动兆欧表,防止充电设备损坏兆欧表。

第六节　电能的测量

测量电能使用电能表,用电动式直流电能表测量直流电能,用感应式交流电能表测量交流电能。交流电能表分单相、三相两种。

一、电能表主要技术参数

电能表主要技术参数有额定电压、额定电流、电能表常数。

二、电能表的安装接线

电能表的安装要求:

(1) 电能表接线时应注意分清各接线端子;三相电能表按正相序接线;经互感器接线者极性必须正确。

(2) 电压线圈连接线应采用 1.5mm² 绝缘铜线,电流线圈连接线接入者应采用与线路导电能力相当的绝缘铜线(6mm² 以下者用单股线),经电流互感器接入者应采用 2.5mm² 绝缘铜线。

(3) 互感器的二次线圈和外壳应当接地(或接零);线路开关必须接在电能表的后方。

单相电能表接线如图 13-10 所示,三相电能表接线如图 13-11 所示。

(a) 单相跳入式   (b) 单相顺入式

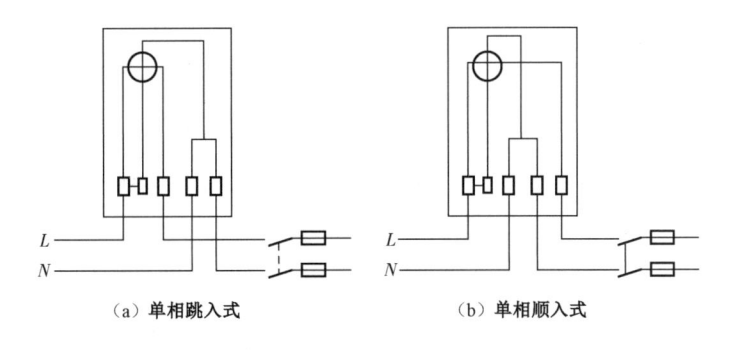

图 13-10　单相电能表接线

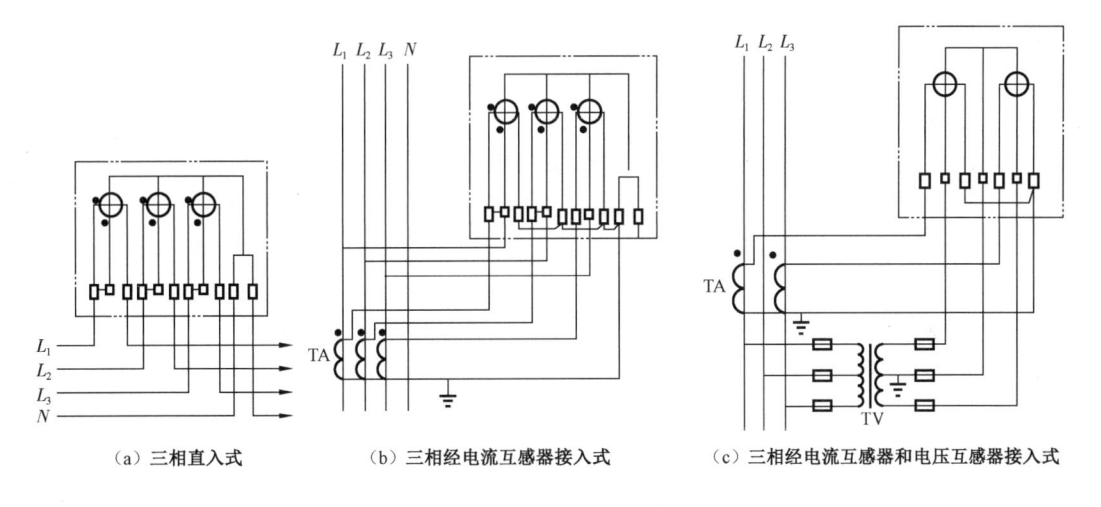

(a) 三相直入式　　(b) 三相经电流互感器接入式　　(c) 三相经电流互感器和电压互感器接入式

图 13-11　三相电能表接线

第七节　直　流　电　桥

一、直流单臂电桥的构造及工作原理

直流单臂电桥又称惠斯登电桥。

直流单臂电桥由被测电阻 R_x 和 4 个标准电阻组成电桥的四个臂,接成四边形,在四边形一对顶点间接入检流计,在另一对顶点间接入电池。

在测量时,接通电源,调节标准电阻,使检流计指示为 0,然后得到相应数值。在测量时,首先选取一定的比率臂,然后调节比较臂使电桥平衡,则比率臂倍率和比较臂读数值的乘积就是被测电阻的数值。图 13-12 为直流单臂电桥工作原理图。

二、直流单臂电桥的使用

(1) 使用前先将检流计的锁扣打开,调零。

(2) 接入被测电阻应采用较粗较短导线,并将接头拧紧。

图 13-12 直流单臂电桥工作原理图

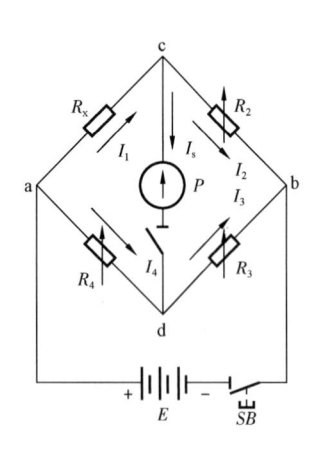

(3)当测量电感线圈的直流电阻时,应先按下电源按钮,再按下检流计按钮;测量完毕,应先松开检流计按钮,后松开电源按钮。

(4)电路接通后,调节检流计指针。

(5)电桥使用完毕,应先切断电源,然后拆除被测电阻。

(6)发现电池电压不足时,应及时更换。

三、直流双臂电桥的结构和工作原理

直流双臂电桥又称凯文电桥。

直流双臂电桥可以消除接线电阻和接触电阻的影响,是一种测量小阻值电阻的电桥。使用方法与单臂电桥基本相同,但还要另外注意以下两点:

(1)被测电阻有电流端钮和电位端钮时,要与电桥上相应的端钮相连接。要注意电位端钮总是在电流端钮的内侧,且两电位端钮之间就是被测电阻。如果被测电阻没有电流端钮和电位端钮,则应自行引出电流端钮和电位端钮,并注意其接线应尽量用粗短的导线,接线间不得绞合,并要接牢。

(2)直流双臂电桥工作时电流较大,所以测量时动作要迅速,以免电池耗电量过大。

第十四章　钻井井场常用电动钻机及控制简介

本章主要介绍了钻井井场常用电动钻机的特点、分类，电动钻机驱动型式，钻机控制原理及控制系统。

第一节　电动钻机特点及分类

一、钻井电动钻机特点

电动钻机是目前高性能大型钻机的主要型式和发展方向，作为钻机核心的电气驱动和控制系统属于投资大、技术含量高的技术资金密集型设备，它主要包括：动力设备及控制系统、主电动机驱动及控制系统、辅机设备及控制系统、司钻控制系统和主控制系统。

二、电动钻机分类

按作业地点分：陆地钻机、海洋钻机。
按钻深能力分：20、30、40、50、70、90 型钻机。
按驱动方式分：交流、直流、交流变频等形式。

第二节　电动钻机驱动型式

目前，石油钻井常用电动钻机驱动型式分四类：AC – AC 驱动、DC – DC 驱动、AC – SCR – DC 驱动、AC 变频驱动。

一、AC – AC 驱动

AC – AC 驱动是钻机最早采用的电驱动型式，指柴油发电机组发出交流电，供给交流电动机驱动绞车、转盘和钻井泵，另一种供电方式是由工业电网供交流电。

在这种驱动方式下，交流电动机具有硬特性，绞车、转盘应设立较多机械挡，进行有级变速。和柴油机直接驱动相比，这种驱动方式短时过载能力强；采用单独驱动，传动效率高，易实现倒转，维护保养简单，工作安全，噪声小。

AC – AC 电驱动钻机工作转速不可调节、载荷特性为硬特性等缺点，不能更好地满足钻井需要，使其使用数量逐年减少。但与机械驱动相比，还是有较大的适应性。

AC – AC 驱动型式框图如图 14 – 1 所示。

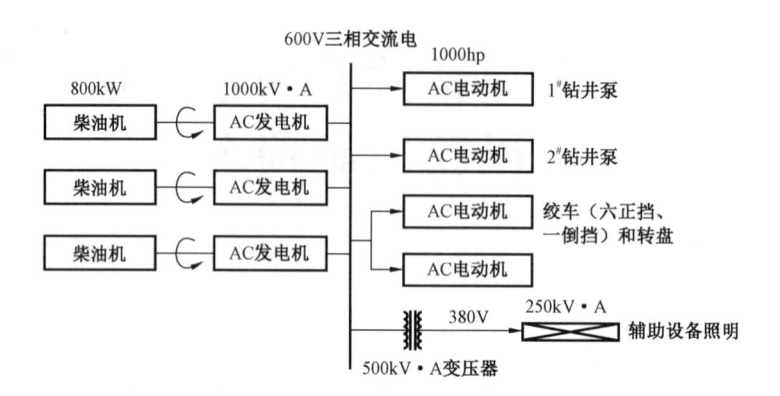

图 14-1　AC-AC 驱动型式框图

二、AC-SCR-DC 驱动

AC-SCR-DC 驱动是指数台柴油发电机组发出交流电并网输到同一母线电缆上(或由工业电网供电),经晶闸管整流装置整流后驱动直流电动机,带动绞车、转盘、钻井泵。

该驱动方式一般由 3~4 台大功率柴油发电机组作为动力,其发出的 600V、50Hz 交流电经 SCR 柜整流后变为 0~750V 直流电分别驱动绞车和钻井泵的直流电动机。绞车由 2 台电动机驱动,转盘可由绞车动力联合驱动,也可使用独驱电动机。3 台钻井泵分别由各自的 2 台电动机驱动。电动机为串激直流电动机,一对二控制。钻机配有 5 套 SCR 柜,正常使用时,有一套处于备用状态,若有 SCR 柜发生故障,可及时切换,确保钻井时运行安全。

AC-SCR-DC 驱动型式框图如图 14-2 所示。

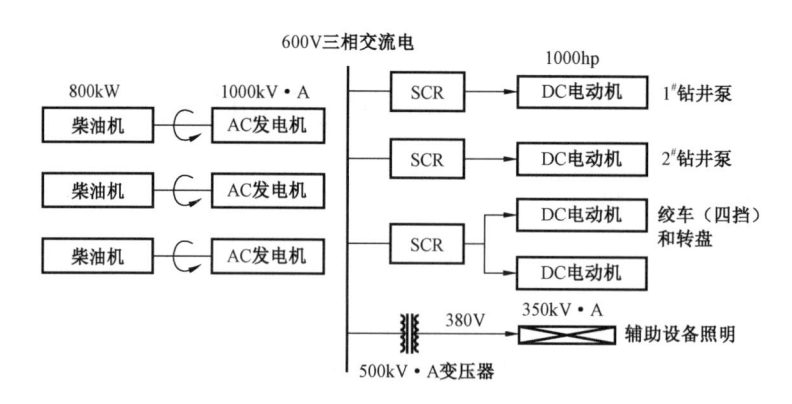

图 14-2　AC-SCR-DC 驱动型式框图

AC-SCR-DC 驱动钻机具有下述特点:

(1) AC-SCR-DC 驱动钻机具有 DC-DC 驱动钻机的全部优点。

(2) 不需要专门配备供照明和辅助设备用电的小型柴油发电机组;可以直接由公共母线中引出,通过变压器后直接供应交流电,所以设备投资比 DC-DC 驱动钻机少。

(3) 采用并联运行方式,动力使用与分配合理,机动性、灵活性好。在钻井作业过程中,可按实际需要来确定开动几台动力机组,延长了其使用寿命。比 DC-DC 驱动钻机节约柴油

7%~9%。

（4）一次性投资费用比机械驱动钻机高80%左右。但是由于 AC-SCR-DC 驱动钻机使用经济，当钻机运行一段时间，其节约费用就可弥补多投资费用。

（5）在钻井和起下钻时，钻机噪声小、油污少，有利于提高操作可靠性。良好的设备配置及技术，提高了钻机运行可靠性。

（6）采用先进的柴油机电子调速器、晶闸管整流装置和各种监测系统，提高了钻井性能，扩大了使用功能，增强了经济性与可靠性。

（7）由于直流电动机转速的变化是通过控制晶闸管整流装置来达到的，交流公共母线上的功率因数较低。为提高功率因数，美国研制了一种调节功率因数的装置，可进一步提高钻机运行的经济效益。

三、AC 变频驱动

AC 变频驱动是指将交流变频调速技术应用到钻机的电驱动控制系统上，使 AC-SCR-DC 驱动钻机中的直流驱动装置换成交流驱动装置，直流电动机变成交流电动机。

AC 变频驱动型式框图如图 14-3 所示。

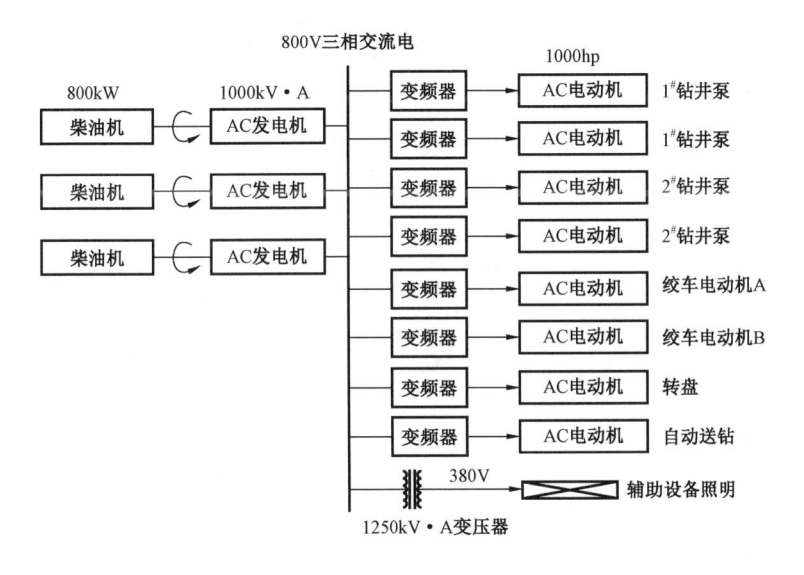

图 14-3　AC 变频驱动型式框图

AC 变频驱动钻机具有下述特点：

1. 调速控制系统性能高

（1）能精确控制转速和扭矩。

可实现更精确地无级平滑调节和控制 AC 电动机的工作转速和扭矩，其调节频率与 AC 电动机的工作转速成正比线性关系，使用非常方便，对于各种钻头钻井、处理钻井事故等很方便。

（2）转速调节方便且范围广。

AC 电动机正反转两个方向进行调节，均能实现工作转速从 0~100% 精确无级调节和使用。由此,驱动绞车可以取消倒挡,可由4个挡减少到2个挡,驱动顶驱可不必采用两挡,只用单速传动机构,大大地简化了绞车和顶驱结构。

(3)在变频调速系统控制下具有全扭矩。

AC电动机处于零转速时,仍具有全扭矩作用。这种特性对于钻井作业来讲,是非常安全可靠的。

(4)可提高电动机启动时的加速度和减速时的减速度。

变频调速系统可使AC电动机快速加、减速,从而使启动和停止过程时间较短。

(5)没有谐波畸变现象。

AC变频驱动电动机的输出工作转速和扭矩,在很大的工作范围内,钻机或顶驱具有钻井性能和作业工况的连续、恒定的可使用动力特性,因此AC变频电驱动没有谐波畸变现象。

(6)具有全刹车控制特性。

AC变频驱动电动机可在全扭矩条件下进行制动,使其在所有转速下,提供更大的间歇扭矩和更为精确的控制。

2. 启动电流小、工作效率高、过载能力强

一般电动机的启动电流为额定电流的5~6倍。变频调速AC电动机的启动电流只有额定电流的1.7倍。由于启动电流较小,对电网的冲击性也较小。

AC电动机的工作效率高达97%。在1min之内,变频调速的AC电动机可以承受到150%额定载荷。这种特性对于石油钻机处理卡钻事故来讲,具有较大的载荷储备,钻井适应性较强。

3. 可实现回馈制动刹车

AC变频调速电动机,可对下钻时的钻柱载荷进行反馈制动刹车,起着绞车辅助刹车作用,可以代替以至于取消常规绞车中的水刹车或电磁涡流刹车,从而进一步减轻了绞车重量,降低了成本和费用。

4. 使用安全方便、噪声低、维护简便

(1)AC电动机无电刷,且维护简单。

AC电动机工作时不会产生工作火花,电动机使用更为安全可靠。AC感应电动机几乎不要求维护,特别适合油田钻井需要,且运行率较高,停机时间较少,事故率低。

(2)具有各种安全保护功能。

AC变频电驱动系统具有各种安全保护功能,以确保钻井作业的安全、可靠和连续性。如过电压、欠电压、过电流、过热、短路和接地保护功能;石油钻机或顶驱钻井时过扭矩、超转速等限定功能以及限位功能,可确保钻井装备安全可靠地进行钻井作业,不会发生其他意外事故。

(3)调节控制使用方便。

AC变频电驱动调节和控制使用非常方便。可以手控和遥控,还可与可编程控制器以及计算机相连接,实现闭环自动控制。对于钻井装备来讲,钻机和顶驱控制均采用手控和遥控方式,自动送钻装置采用自动闭环控制。

第三节 主要设备及控制

以 AC – SCR – DC 驱动型式为例,简要介绍一下主要设备及控制系统。

一、交流发电机

一套电动钻机的动力系统,由多台柴油发电机组组成,每台柴油发电机组又由柴油机、交流发电机及其控制系统组成。

电动钻机所使用的发电机为同步发电机,它由定子(电枢)和转子(磁极)两部分组成。转子铁心上绕有励磁绕组,用直流励磁。励磁电流来自与发电机同轴旋转的励磁机,由外电路供给直流电。励磁机的转子电路为三相绕组。当励磁机与主发电机同轴旋转时,其转子三相绕组输出三相交流电,经三相全波整流后作为励磁电流输至同轴旋转的主发电机励磁绕组中。同步发电机接线图如图 14 – 4 所示。

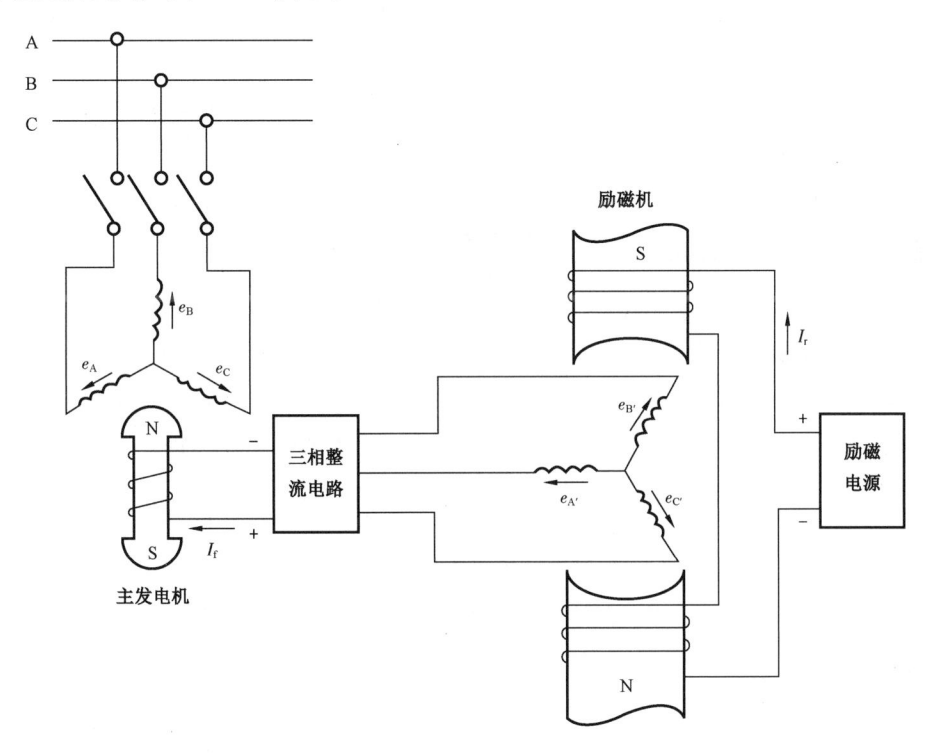

图 14 – 4 同步发电机接线图

因同步发电机的电枢绕组为三相且在空间对称放置,故可得到三相对称感应电势。

感应电势的频率与同步发电机转速成正比,我国规定工频为50Hz,因此,同步发电机的转速与磁极对数之间严格遵守反比关系,即转速越高,极对数越少,例如:两极发电机($p=1$),$n=3000$r/min;四极发电机($p=2$),$n=1500$r/min;六极发电机($p=3$),$n=1000$r/min。

电动钻机配套的柴油机的转速一般为1500r/min,所以柴油发电机组一般选用四极发电机($p=2$)。

二、直流电动机

(一) 分类

直流电动机按励磁方式分为自励式和他励式,而自励式又分为串励式、并励式、复励式。

(二) 特点和用途

并励式:机械特性较硬,适用于带负载后要求转速变化不大的场合。
串励式:机械特性较软,在磁路不饱和的情况下,起动转距优于并励式。
复励式:机械特性介于并励和串励之间,应用范围较广。

(三) 直流电动机的调速方式

变阻调速:在电枢电路中串接可调电阻器,以改变电枢电路总电阻进行调速,这种调速方式的机械特性很软。

调压调速:通过改变电枢电压进行调速。这种调速方式具有较硬的机械特性,且调速范围较宽。

弱磁调速:在励磁电路串联可调电阻,或用专门装置来控制励磁电压,以改变磁通进行调速。这种调速方式适用于恒功率负载,实现恒功率调速,励磁电流不能超过励磁绕组的电流允许值。

三、电动钻机的自动控制

转速调节的自动控制系统的概念和原理:直流电动机的转速与电动机的供电电压直接相关,因此,调节电动机的供电电压即可改变电动机的转速。电动机转速控制系统采用晶闸管整流装置,通过调节触发电路的控制电压来控制触发脉冲的相位,从而改变晶闸管整流装置的输出电压,实现对电动机转速的闭环控制。电动钻机的自动控制如图14-5所示。

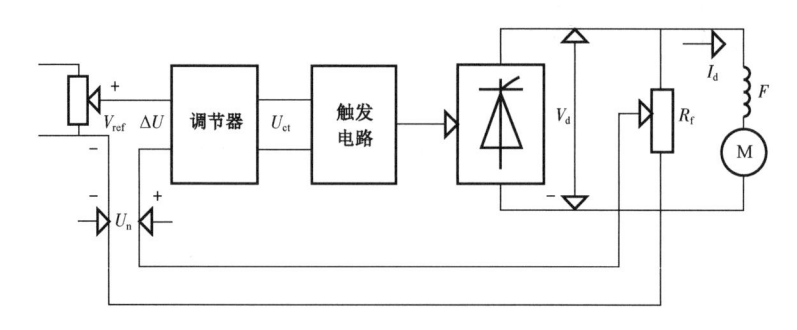

图14-5 电动钻机的自动控制框图

自动控制系统的类型按控制系统的基本结构,可以分为开环控制系统和闭环控制系统两大类。

(一) 开环控制系统

系统的输出量对控制作用没有影响的系统,称为开环控制系统。在开环控制系统中,既不需要对输出量进行测量,也不需要将输出量反馈到系统的输入端与输入量进行比较。当系统出现扰动时,开环控制系统便不能完成既定的任务。

(二)闭环控制系统

闭环控制系统又称反馈控制系统,它是按偏差进行控制的。其工作原理是:在转速控制系统中,转速调节器接受检测元件送来的测量信号,并与给定值相比较,根据偏差情况,按一定的控制规律,调节晶闸管整流桥的输出电压,以改变电动机的转速。这种把系统的输出信号送回到输入端,叫做反馈。在反馈控制系统中,系统输出端送回的信号与设定值相减,为负反馈;反馈信号取正值并与输入信号相加,则称正反馈。自动控制系统中采用的是负反馈。自动控制系统反馈框图如图 14 – 6 所示。

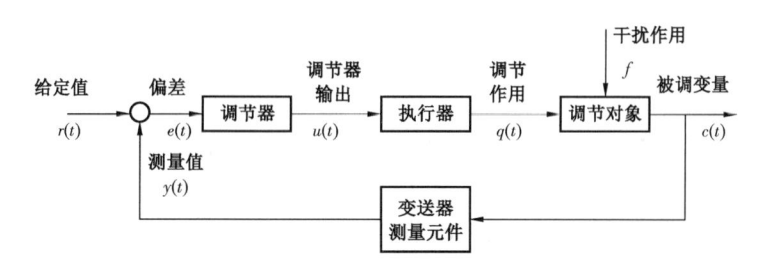

图 14 – 6　自动控制系统反馈框图

第四节　控　制　系　统

控制系统包括交流控制系统、直流控制系统、司钻控制台、MCC 配电系统。

一、交流控制系统的组成、功用及控制内容

(一)组成

交流控制系统由发电机断路器、同步装置、速度调节器、电压调节器、保护电路、功率限制电路、交流接地检测电路组成。

(二)功用

交流控制系统的功用是控制柴油发电机组,使其输出稳定的 600V、50Hz 交流电源。

交流控制系统包括柴油机速度控制和发电机电压控制两大部分。

为保证供电频率稳定和发电机有功功率的均衡分配,要对柴油机的燃油供应量进行控制;为保证发电机电压的稳定及无功功率的均衡分配,要对发电机的励磁电流进行控制。

(三)同步发电机的并列

同步发电机的并联运行是指将数台发电机的三相输出通过发电机断路器分别接在交流母线上,共同向负载(交流母线)供电。电动钻机动力系统配套的数台同步发电机根据钻井工艺的变化及对电量的需求进行选择性的并联运行,其优点是:

（1）可以按照负载的变化来调节投入运行的机组数，使柴油机和发电机在较高的效率下运行。

（2）提高了供电的可靠性。当某台机组因故障不能发电或停机检修时，其他机组继续供电，因而使供电更为可靠。

（3）提高了供电质量。并联运行能使容量增大，这样，在负载变化时，电压和频率的变动就会减小，从而提高了供电质量。

待并网同步发电机的并列条件：

(1) 电压 U_2 和母线电压 U_1 大小相等。

(2) 电压 U_2 和母线电压 U_1 相位相同。

(3) 频率 f_2 和母线频率 f_1 相等。

(4) 相序和母线相序相同。

(四) 功率限制电路

作用是检测电网上正在运行的发电机有功功率和总电流，当电网输出的有功功率或总电流超过在网发电机总容量的 90%～95% 时，电流解调电路输出的有功电流或总电流，通过仪表和指示灯显示并输至直流系统的电流调节电路，使网路上的 SCR 桥触发脉冲相位受到限制，从而限制电动机的电压和转速，限制交流电网负荷，保证在网发电机不超负荷运行。

(五) 接地故障检测电路

接地故障检测电路的功能是检测交流和直流接地故障，并显示出来。接地故障检测电路设置在交流控制柜上，包括 3 盏指示灯、交流接地表和直流接地表、复位按钮等。

二、直流控制系统的组成、功用及控制内容

(一) 组成

直流控制系统是由晶闸管整流桥、浪涌抑制电路、直流接地检测电路、接触器控制逻辑、直流控制组件和防滑电路等组成。

(二) 功用

直流控制系统的功用是控制 SCR 元件，将三相交流电源整流成连续可调的直流电源，供给直流电动机。

系统将 AC600V 电源输入驱动柜中的 SCR 可控硅组件，通过整流输出 0～750V 直流电，驱动钻井泵、绞车/转盘和顶驱等设备的主电动机，SCR 控制用计算机来完成。

(三) 直流电动机的速度及控制

由于直流电动机采用晶闸管整流装置供电，所以控制输出电压就可方便地控制电动机的转速。为使电动机的转速特性具有一定的硬度，系统中采用了闭环控制。对于他励电动机来说，由于磁场恒定，端电压可近似反映转速，所以可用电压反馈完成速度控制。而串励电动机由于磁场随电枢电流变化，所以端电压不能反映转速，要想控制转速，必须加一个转速变换环节，即转速信号值通过电枢电压与磁场电流之比计算求得。

(四)绞车驱动系统主电路

绞车能耗制动:能耗制动器担负着绞车以一定的速度移动负载时的减速工作,并通过控制钻压而起到协助钻进的作用。因钻进时绞车以相当低的速度运转,所以能耗制动器可以在此速度下以适当的制动转矩来限制钻压。

在起钻过程中,为了提高生产效率,踏下脚踏控制器,使绞车电动机快速运转。当游车接近井架顶部时,为了迅速降低电动机转速,采用能耗制动,使电动机转速很快降到手轮控制的猫头速度。通常绞车电动机从满速降到猫头速度需要 30~40s,使用能耗制动后,使速度降低时间减小到 10~15s。

(五)转盘驱动系统主电路

转盘所需的动力,由单独的电动机直接提供,或通过连接到绞车上的链传动装置获得。此动力一般低于绞车和钻井泵所需的动力,为 400~800hp(298.3~596.6kW)。转盘应能正反向旋转,司钻必须掌握其工作转矩和转速的大小。

(六)钻井泵驱动系统主电路

钻井泵的主要动力是 700~1000hp(522.0~745.7kW)的马达。电动钻机上每台钻井泵依其型号大小,需 1~2 台马达作为动力。

根据循环系统中需要的钻井液流量和钻井液密度决定使用钻井泵的数量。

马达的转速由安装在司钻控制台上的手轮来控制。此装置还可以改变钻井液流量。

两台电动机对称地安装在钻井泵两端,为使它们以同一转向拖动钻井泵运转,必须使它们输出的电磁力矩方向相反,即一台电动机顺时针方向旋转,另一台电动机逆时针方向旋转。

三、司钻控制台

司钻通过操作司钻控制台上的转换开关、给定手轮和按钮等,可以控制钻井泵、绞车和转盘的各种工况。司钻控制台上还有辅助交流电动机及发电机系统运行状态指示灯、百分比功率指示表、SCR 指配开关、转盘转矩限制旋钮等。

四、MCC 配电及控制系统

辅助设备如钻井液循环系统中的混合泵、灌注泵、除砂器和除泥器以及驱动电动机的冷却风机等,均由交流电动机驱动,其控制由交流电动机控制中心(MCC)实现。

系统的前端由 600V/400V 电力变压器供电,或应急发电机组直接提供 380V 电源。交流电动机控制中心完成交流电动机的启动操作,启动方式有降压启动和直接启动两种。

MCC 配电控制系统设置:系统设有交流电动机启动抽屉和供电抽屉。混合泵、灌注泵、剪切泵、除砂器、除泥器和液压大钳采用直接启动抽屉,内设接触器和热继电器实现过载保护,断路器实施短路瞬时跳闸。启动抽屉实现远近两处操作。振动筛、搅拌器、给水泵、加油泵等由固控区、水灌区、动力区、钻台区等区域供电抽屉供电,现场插转柜分路供电,就地操作。

第十五章　钻修井作业现场安全用电管理

本章主要介绍了现场通用安全用电基本知识,临时用电管理,钻修井作业现场安全用电要求。

第一节　安全用电基本要求

一、人员及劳保

(1)施工作业人员应掌握现场安全用电基本知识;电气设备使用及管理人员应掌握相应设备的性能。

(2)从事电气设备设施安装、运行、维护、检修、调试等相关作业的人员,应接受国家特种作业安全技术培训,并取得有效证件才能上岗工作。工作范围应与证件所标注的作业类别及准操项目一致。

(3)安装、维修或拆除临时用电设备和线路,应由持有效电工证件的人员完成,并有专人监护。

(4)电气作业人员应配备绝缘手套、绝缘鞋(靴)、绝缘垫、电工作业常用工具、低压试电笔、万用表、兆欧表、接地电阻测量仪、电源极性检测仪等。

(5)各类用品应按有关规定使用,并定期进行电气性能试验。

二、配电箱(柜)及开关箱

(1)配电箱(柜)及开关箱应装设端正、牢固。固定式配电箱(柜)及开关箱的中心点与地面的垂直距离宜为1.4~1.6m。移动式配电箱及开关箱应装设在坚固、稳定的支架上,其中心点与地面的垂直距离宜为0.8~1.6m。

(2)落地式配电箱的底部应高出地面,室内不应低于50mm,室外不应低于200mm,且底座周围应采取封闭措施,防止蛇、鼠等小动物进入箱内。

(3)配电箱(柜)及开关箱应装设在干燥、通风及常温场所,不得装设在有严重损伤作用的烟气、潮气及其他有害介质中,亦不得装设在易受外来固体物撞击、强烈振动、液体侵溅及热源烘烤场所,否则,应做特殊防护处理。配电箱(柜)内清洁无杂物。

(4)室外设置的配电箱(柜)及开关箱应设有安全锁具,并满足防雨、防尘要求。配电箱(柜)周围15m范围内不应存放易燃、易爆、腐蚀性等危险物品。

(5)各种配电箱(柜)及有触电风险的开关箱(如接线端子裸露的开关箱、较大的铁壳开关箱)前的地面上应设置绝缘踏板或绝缘胶皮,面积不小于1m²。配电箱(柜)周围不得堆放影响人员操作及通行的杂物。

(6)防爆区域内应使用防爆配电箱(柜),箱体上严禁焊接、钻孔。

(7)需打开箱门进行送断电操作及配电箱(柜)内电器开关接线柱裸露范围较大,有触电风险的配电箱(柜)及开关箱的箱门与箱内配电设施之间应设隔板,以便将带电体有效隔离,防止人员操作时触电。

(8)配电箱(柜)及开关箱的门或面板上,如有电压超过50V的电气装置,应将箱门(面板)与箱体用保护导体牢固连接,而不能依靠紧固件、铰链、支持轨等部件,保护导体的截面积取决于电气装置电源引线截面积的最大值,连接所用端子及螺钉也应符合要求。

(9)500~1000V的直流或交流电配电柜门应能有效锁闭。推荐配备互锁装置,只有在断路器断开状态下,柜门方可打开。

(10)配电箱(柜)及开关箱进、出线口应配置固定线卡。导线应采用铜芯绝缘线,严禁有接头,铜芯严禁有外露现象。导线与各类开关、仪表等电气装置的连接应牢固可靠。

(11)各断路器及开关应标明控制对象,标识应醒目,不易褪色或损坏,并且不应将铭牌及检测标签覆盖。开关和漏电断路器上下接线盖齐全。

(12)所有配电箱(柜)及有触电风险的开关箱处应设置"当心触电"安全标识。

(13)配电箱(柜)及开关箱应保护接零并保护接地。

(14)禁止使用没有防护箱体且配线及端子裸露的配电盘,禁止使用不符合规定的刀闸。

(15)配电箱(柜)及开关箱应由持有效电工证件人员定期进行检查和维护。进行作业时,应将其上一级相应的电源隔离开关分闸断电、上锁,并悬挂警示性标识。

(16)应由专人操作,操作人应掌握安全用电基本知识,能进行停送电操作。

(17)送电操作顺序为:总配电箱—分配电箱—开关箱;停电操作顺序为:开关箱—分配电箱—总配电箱。

(18)切断设备电源时,应先关掉设备负载控制开关,再关掉主开关;接通设备电源时,应先接通主开关,再接通设备负载控制开关。

(19)操作控制开关时,人应站在侧面,严禁站在配电板的正前方。

(20)严禁用湿手操作开关,严禁带电插拔插接件。

三、配电装置

(1)配电箱(柜)的电气安装板上应分设 N 线端子和 PE 线端子。N 线端子应与金属安装板绝缘,PE 线端子应与金属安装板进行连接,进出线中的 N 线和 PE 线应通过端子连接。

(2)保护零线(PE)严禁通过开关或漏电断路器。

(3)各电气开关、断路器、接触器、电动机保护器、继电器、防爆按钮的动作应灵活、可靠,触头接触应良好。

(4)各断路器工作参数、断路器及热继电器的保护动作参数应与线路及用电设备实际值相符合,型号规格应与环境相适应。上级断路器额定电流及过载保护电流应大于下级。

(5)配电线路一般采取三级控制,两级漏电保护。漏电断路器应按规定装设,漏电动作参数应符合要求。开关箱的漏电断路器的额定漏电动作电流应不大于30mA,额定漏电动作时间不大于0.1s;总配电箱(柜)中漏电断路器的额定漏电动作电流应大于30mA,额定漏电动作时间应大于0.1s,但其额定漏电动作电流与额定漏电动作时间的乘积不应大于30mA·s,上下级间要有良好配合。

（6）用于潮湿或有腐蚀介质场所的漏电断路器应采用防溅型，其额定漏电动作电流不应大于15mA，额定漏电动作时间不应大于0.1s。

（7）漏电断路器应每年检测一次，检测不合格的应及时更换。基层单位每月应对漏电断路器做一次自检试验，并做好记录。

（8）断路器或熔断器自动断开后，在未找出原因前，严禁重新供电。在确定为过载所引起的断电时，更换相匹配的熔断器并断开过载负荷后方可重新供电。

四、移动式配电盘及插座

（1）移动式配电盘及插座型号规格的选择应与容量匹配，并满足环境要求。

（2）禁止使用不符合国家标准的移动式配电盘及插座。浴室等潮湿场所应使用防水插座。

（3）移动式配电盘应按要求装设漏电断路器。插座都应具有漏电保护。

（4）插座的安装应符合左零右火上接地的要求。即单相两孔插座，面对插座的右孔（或上孔）与火线连接，左孔（或下孔）与工作零线连接；单相三孔插座，面对插座的右孔与火线连接，左孔与工作零线连接，上孔与地线（保护零线）连接。

（5）使用移动式配电盘及插座时，要充分考虑其容量，防止过载，避免由于线路或配电盘过热而导致火灾及触电事故。

（6）插头、插座等导电体间应接触良好。各种密封插接件装配完后，应紧固到位。备用或分离后的防爆插头、插座，应及时加盖封好，做好防水、防爆处理。

五、配电线路

（1）配电线路应采用耐压等级不低于500V的绝缘导线。导线截面的选择应满足负荷电流、电压损失、机械强度、温升及环境的要求。

（2）采用电缆时，电缆应包含全部工作芯线，需要三相五线制配电的电缆线路宜采用五芯电缆，五芯电缆宜包含淡蓝、绿/黄、黄、绿、红五种颜色绝缘芯线，淡蓝色芯线应用作工作零线（N线），绿/黄双色芯线应用作保护零线（PE线），黄、绿、红颜色的芯线应分别用作L_1、L_2、L_3三相火线。

（3）线路不得在人员及车辆通行的地面明敷，应避免机械损伤和介质腐蚀。

（4）架空线应设在专用电杆上，严禁将电线直接牵挂在树木、金属构架、设备金属外壳或临时设施上，线路易磨擦处应加绝缘护套。

（5）电缆应采用埋地、架空或采用金属电缆桥架方式敷设，严禁沿地面明敷。

（6）电缆埋地敷设时，宜选用铠装电缆，路径应设标识。电缆直埋深度不小于0.7m，并应在电缆上下均匀敷设不小于50mm厚的细砂。

（7）电缆架空敷设时，宜选用无铠装电缆。架空电缆应沿电杆、支架或墙壁敷设，固定点间距应保证电缆能承受自重所带来的荷载，敷设高度应符合要求。

（8）电缆在横跨道路或有重物挤压的部位，应加设车辆过桥或防护套管，套管应固定。

（9）电缆在使用中，不应成捆放置，应妥善摆放。

（10）所有绝缘导线应保证无破皮、无绝缘皮老化或龟裂现象。

（11）防爆区域内配电线路选择及敷设应符合防爆要求，原则上不得有中间接头，若必须有接头，连接方式及防爆保护措施应符合防爆规定。非防爆区线路的中间接头，如果导线截面在 10mm² 及以上，应采用接线端子硬连接。接头都要架空，并做好防水及绝缘。

（12）防爆区电气配线与电气设备的连接应符合防爆要求，连接处应用密封圈密封。

（13）线路应保证良好的电气连接，遇有铜导体与铝导体相连接时，应采取铜铝过渡端子，防止发生接触不良等故障。

（14）配电线路进入各种活动房时，入户处应加绝缘护套管，并保留适宜的防水弯或采取防渗漏措施。

（15）潮湿场所或埋地非电缆配线应穿管敷设，管口和管接头应密封。

（16）配电线路应具有短路及过载保护。

（17）施工作业现场及后勤辅助生产作业场所的配电线路均应采用三相五线制。

六、用电设备

（1）防爆区内应使用防爆电气设备。

（2）潮湿场所应使用满足防水功能的电气设备。

（3）用电设备应具有过载保护。

（4）需要进行漏电保护的设备，应安装动作参数符合规定的漏电断路器。

（5）电气设备的接地或接零保护应符合要求。

（6）移动及手持式电动工具、临时用电设备采用"一机、一闸、一保护"，该"保护"应具有短路、过载及漏电保护功能，保护动作参数应与设备及使用环境相符合。

（7）使用设备前应检查电气装置和保护设施，严禁设备带"缺陷"运转。

（8）设备暂时停用时，开关应分断电源，并关门上锁。

（9）用电设备应按规定进行保养、检测。

七、设备设施接地及保护接零

（1）固定场所变压器及发电机中性点应工作接地，电阻值不大于 4Ω。

（2）接地线两端应使用与之相配的专用接线端子压制或焊接，与接地体之间采用螺栓连接，连接要牢固可靠。

（3）需进行接地保护的设备不应串联接地。除另有规定外，几种接地系统可共用同一个接地体（接地线桩），不同的电气设备、设施之间也可共用接地体。

（4）变压器、配电箱等设备外壳应保护接零并保护接地。

（5）防爆区电气设备金属外壳应保护接零并保护接地。

（6）非防爆区电动机、电气设备金属外壳应保护接零。

（7）非防爆区 I 类电气设备，工作时应保护接零，即其电源线插头接地极或防爆插头接地极应与插座接地极（PE 端子）可靠连接，或设备电源线中的保护零线与线路的保护零线（PE 线）可靠连接。

（8）应建立接地电阻测量台账，按规定对接地电阻进行测量。

第二节　临时用电作业许可管理

临时用电是指在生产或施工区域临时性使用非标准配置的、380V及以下的低压电力系统且不超过6个月的作业。

一、临时用电一般要求

(1)临时用电作业申请人、批准人、作业人员必须经过相应培训,具备相应能力。电气专业人员,应经过专业技术培训,并持证上岗。

(2)所有临时用电设备设施安装、维修、使用和拆除均应由电气专业人员进行,施工作业过程应符合要求。

(3)临时用电设备在5台(含5台)以上或设备总容量在50kW及以上的,用电单位应编制临时用电组织设计。内容包括:确定电源进线、变电所或配电室、配电装置、用电设备位置及线路走向,用电负荷计算,选择变压器容量、导线截面、电气的类型和规格,制定临时用电线路设备接线、拆除措施等内容。

(4)临时用电所用设备设施及电器元件应符合国家标准。在防爆场所使用的临时用电线路和电气设备,应达到相应的防爆等级。

(5)临时电源暂停使用或检修时,应在接入点处切断电源,并上锁挂签。在接引、拆除临时用电线路时,其上级开关应断电并上锁挂签。

(6)移动临时用电线路及设备时,应先切断电源,移动后应对临时用电线路及设备检查确认。

(7)不得擅自增加用电负荷,变更临时用电地点、用途。

(8)在运行的生产装置、罐区和具有火灾爆炸危险场所内原则上不允许使用临时电源。否则,在办理临时用电作业许可证的同时,应办理动火作业许可证。

(9)紧急情况下的应急抢险所涉及的临时用电作业,遵循应急管理程序,确保风险控制措施落实到位。

二、临时用电作业许可管理

作业现场临时用电作业大多实行三级许可管理,临时用电作业许可流程主要包括作业申请、作业审批、作业实施和作业关闭四个环节。

基本要求如下:

(1)临时用电作业许可证应包括用电单位、属地单位、供电单位、作业地点、作业内容、用电时间、电气专业人员、作业人员、安全措施,以及批准、延期、取消、关闭等基本信息。

(2)作业申请由作业人或作业班组负责人提出,组织参与作业人员开展工作前安全分析,根据提出的风险管控要求制订并落实安全措施。

(3)作业审批由作业批准人组织用电申请人、相关方及电气专业人员等进行书面审查和现场核查。

书面审查内容包括:确认作业的详细内容;确认作业单位资质、人员能力等;分析、评估周围环境或相邻工作区域间的相互影响,确认临时用电作业应采取的所有安全措施,包括应急措施;确认临时用电作业许可证期限及延期次数等。

现场核查内容包括:临时用电作业有关的设备、工具、材料等;现场作业人员资质、能力符合情况;安全设施的配备及完好性,急救等应急措施落实情况;个人防护装备的配备情况;人员培训、沟通情况;其他安全措施落实情况。

书面审查和现场核查可同时在作业现场进行。书面审查和现场核查通过之后,用电批准人、用电申请人、电气专业人员和相关方均应在许可证上签字。批准临时用电作业许可。

(4)作业实施由临时用电作业人员按照临时用电作业许可证的要求,实施临时用电作业,监护人员按规定实施现场监护。

(5)作业关闭是在临时用电作业结束后,由用电单位通知供电单位和属地单位,电气专业人员按规定拆除临时用电线路,作业人员清理并恢复作业现场,作业申请人和作业批准人在现场验收合格后,签字关闭临时用电作业许可证。

(6)临时用电作业许可证的期限一般不超过一个班次。必要时,可适当延长临时用电作业许可期限。办理延期时,作业申请人、作业批准人应重新核查工作区域,确认作业条件和风险未发生变化,所有安全措施仍然有效。

(7)发生下列情况之一时,现场所有人员都有责任立即停止作业或报告属地单位停止作业,取消临时用电作业许可证,按照控制措施进行应急处置。需要重新恢复作业时,应重新申请办理作业许可。

① 作业环境和条件发生变化而影响作业安全。
② 作业内容发生改变。
③ 实际临时用电作业与作业计划的要求不符。
④ 安全控制措施无法实施。
⑤ 发现有可能发生立即危及生命的违章行为。
⑥ 现场发现重大安全隐患。
⑦ 发现有可能造成人身伤害的情况或事故状态下。

第三节 钻井井场安全用电要求

钻井作业期间,极易出现易燃可燃气体,因此,距井口30m以内区域的所有电气设备,如电动机、开关、照明灯具、仪器仪表、电气线路以及插接件、各种电动工具等都应符合防爆要求,做到整体防爆。下面介绍钻井井场电气设备设施安全用电要求。

一、供电方式及供电设施

(一)供电方式

(1)钻井施工现场电力来源包括发电机供电和工业电网供电两种。
(2)井场和营区380V/220V线路应采用三相五线制供电方式,如图15-1、图15-2所示。

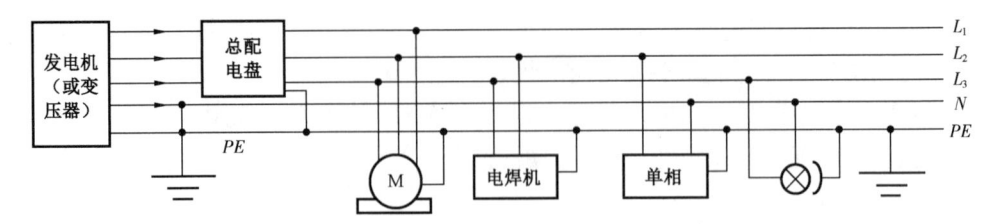

图 15-1　井场电路示意图

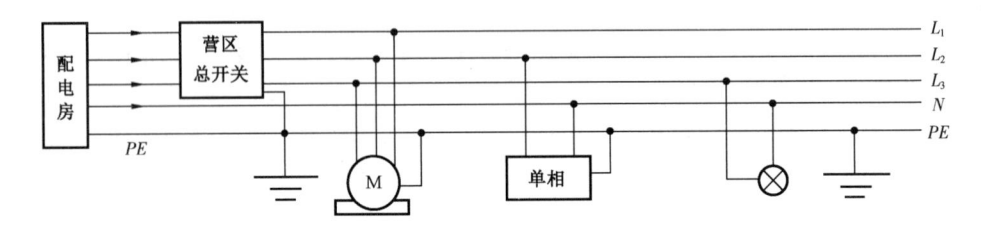

图 15-2　营区电路示意图 1

(3) 配电房至营区电气线路采用三相四线制或三相五线制。若采用三相五线制,则 PE 线在营区总开关箱处应重复接地(图 15-2)。若采用三相四线制,则 PEN 线在营区总开关箱处也应重复接地,然后分成 N 线及 PE 线,与三相火线共同构成三相五线制进入营区(图 15-3)。

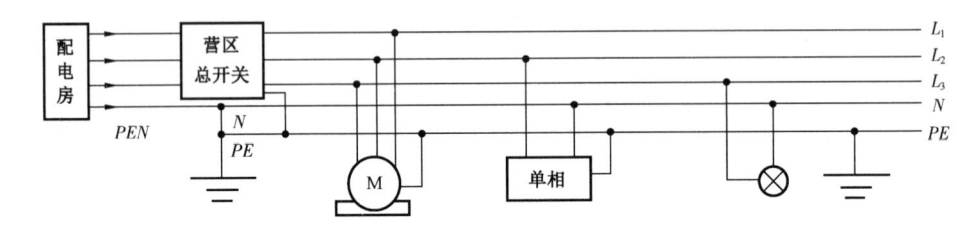

图 15-3　营区电路示意图 2

(二) 循环罐区电气设备电路

循环罐区采用三相五线制供电。各类电动机、照明灯、配电箱、开关箱等设备外壳应保护接零并保护接地。循环罐区电路示意图如图 15-4 所示。

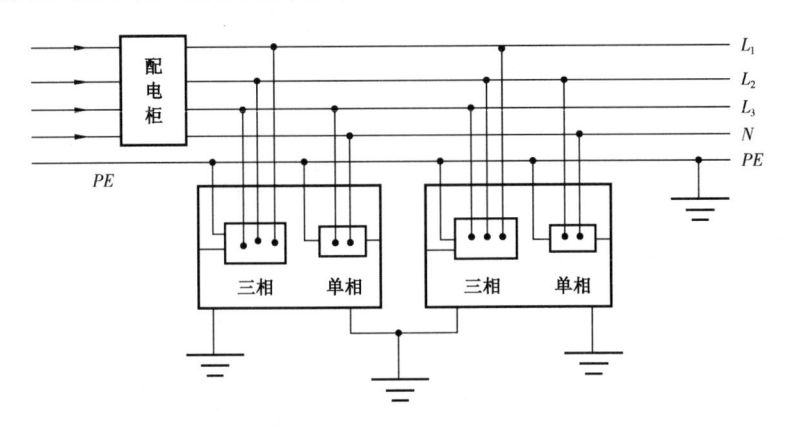

图 15-4　循环罐区电路示意图

(三)井场主要电气设备电路

1. 顶驱交流电动机

采用 600V 交流(变频)电源供电,IT 系统,电动机接地保护。动力线采用 3+1 橡套电缆,其中三芯为三相火线,另一芯线为电动机保护接地线,从电动机外壳引至顶驱电控房与接地端子连接。如图 15-5 所示。

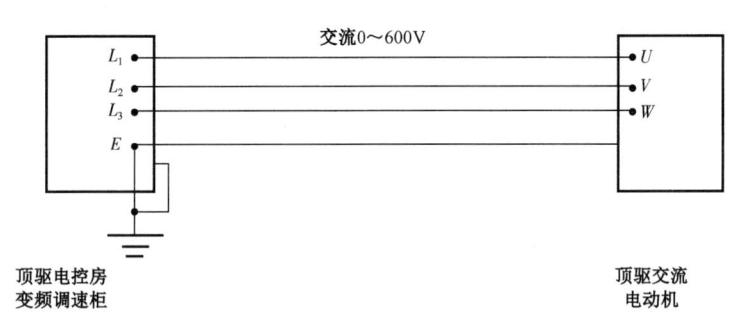

图 15-5 顶驱交流电动机驱动电路示意图

2. 顶驱直流电动机

采用 750V 直流电源供电,动力线为一正一负,电动机采取接地保护,接地线从电动机外壳引至顶驱电控房与接地端子连接。如图 15-6 所示。

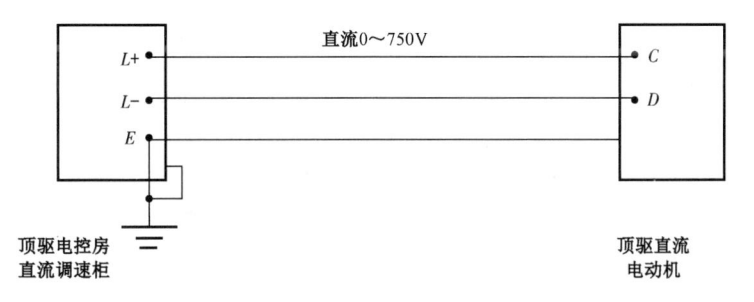

图 15-6 顶驱直流电动机驱动电路示意图

3. 钻井泵、绞车、转盘等交流电动机

采用 600V 交流(变频)电源供电,IT 系统,电动机接地保护。动力线为三相火线,电动机就近接地保护。如图 15-7 所示。

图 15-7 钻井交流电动机驱动电路示意图

4. 钻井泵、绞车、转盘等直流电动机

采用直流 750V 电源供电,动力线为一正一负,就近接地保护。如图 15-8 所示。

图 15-8　钻井直流电动机驱动电路示意图

二、对电网供电设施的基本要求

(1)变压器安装位置距井口不得小于 50m,超过 500m 应架设高压线。使用全封闭撬装高压箱式变电站的因受施工现场区域限制无法满足以上距离时,可摆放于距离井口 30m 外,且尽量靠近电控房(SCR/MCC/VFD 房)位置为宜,以缩短低压出线的长度。

(2)变压器如在柱上安装时,其高度应距地面 2.5m,摆放平稳,变压器周围宜用不低于 2m 的钢网做围栏,围栏距变压器外壳不得小于 800mm。

(3)变压器如果在地面上露天安装时,台面距地面高度至少为 500mm,周围用不低于 2m 的钢网做围栏,围栏距变压器外壳不得小于 800mm。全封闭撬装高压箱式变电站应垫高,变电站外壳离开地面的高度不能低于 200mm。

(4)跌落式熔断器要固定可靠,套管完好无损,动静触头间隙接触紧密,跌落式熔断器距围栏的垂直距离不得小于 1.5m。

(5)熔断器熔丝电流的选择,一般为变压器高压侧额定电流的 1.5 倍。

(6)进出围栏要上锁,并在围栏上设置"高压危险"的指示牌。

(7)变压器高压侧应装设避雷器。

(8)变压器、跌落式熔断器等安装完毕,经检查合格后,方可通电试运行,三相电压应平衡。

(9)全封闭撬装高压箱式变电站应具有过电流保护、电流速断保护、温度保护、气体检测报警与保护、烟雾保护、温度控制等保护装置,外壳四个侧面均应有"高压危险"标识。

(10)高压搭火点至全封闭撬装高压箱式变电站的电缆应采用高压铠装绝缘线缆,采取深埋 0.7m 以上并在沿线设置警戒带和警示牌。

(11)井场电气线路安装后,由井队电气师和安装负责人对井场与营区电气系统进行全面系统检查,不得有错接及配备不合理等现象。

(12)井场电气线路在启用前,应先试通电,确定整个井场电网运转正常后,才能通知井队正式启用。

三、对发电机供电设施的基本要求

(1)发电房应内外清洁无油污、无污水。

(2)发电房摆放位置宜在井场左后方,并在井场防爆区域以外,距井口不小于30m,与油罐区的距离不小于20m。

(3)主、辅发电机组应具有互锁功能。

(4)发电房及SCR/VFD/MCC房应配有"配电重地　闲人莫入"的安全标识,房内应配有"当心触电"的安全标识,地面应铺设绝缘胶皮。

四、线路控制

(1)电气控制宜使用通用电气集中控制房或电动机控制房。

(2)井场动力、照明、电控动力及通讯等接口集中到SCR/VFD/MCC房出线柜。

(3)井控远程控制台、井控专用探照灯应设专线控制。

(4)钻台、机房、泵房、净化系统及照明灯具应分设开关控制。

(5)生活区、地质综合录井用电应分设开关控制。

五、线路敷设

(1)配电房至营区线路,宜采用铠装铜芯电缆敷设。

(2)配电房至井场、井架、机房、泵房、净化系统等线路,均应采用YCW重型防油橡套软电缆。

(3)电缆采用金属电缆桥架敷设或埋地敷设的方式。采用金属电缆桥架敷设时,桥架距地面高度为200mm;采用电缆埋地方式敷设时,埋深应不小于300mm,并在电缆上下各均匀敷设软土或细砂。电缆过路地段应设有电缆保护套管或车辆过桥。

(4)井场线路安装应走向合理、整齐、规范,电缆敷设应考虑避免电缆受到腐蚀和机械损伤。

(5)井场至水源处的电缆线宜架设在专用的电杆上,并装设漏电断路器。漏电断路器的额定漏电动作电流不应大于30mA,额定漏电动作时间不应大于0.1s。

(6)电缆架空敷设时,固定点间距应保证橡套电缆能承受自重所带来的张力。电缆对地距离应大于2.5m,车辆通过处应大于4.5m,穿越公路时应大于5m,机房、泵房、净化系统架空的供电线路应高于设备2.5m,距柴油机、井架绷绳不小于2.5m。

(7)电缆架空敷设若采用木杆,应选用未腐朽且末梢直径不小于50mm的木杆;若采用金属杆,固定橡套电缆处应作好绝缘处理。绑线不应使用裸金属线,线杆应埋设牢固。

(8)严禁将电气线路直接牵挂在设备、井架、绷绳、罐等金属物体上,井架上电缆易磨擦处应加绝缘护套管。

(9)线路严禁从油罐区上方通过,架空线不应跨越柴油罐区、柴油机排气管和放喷管线出口。

(10)钻井液循环系统罐面电缆应穿管敷设,管内电缆不应有接头,并在罐上固定。

(11)供电线路进入值班房、发电房、锅炉房、材料房、消防房等各种活动房时,入户处应加绝缘保护套管,并保留适宜的防水弯或采取防渗漏措施,野营房内的照明灯应用绝缘材料固定。

(12)井场防爆区电气配线与电气设备的连接应符合防爆要求,连接处应用密封圈密封。

(13)井场防爆区电缆,原则上不应有中间接头。若必须有接头,连接方式及防爆保护措施应符合防爆要求,电缆接头要架空,并做好防水及绝缘。非防爆区电缆的中间接头,如果导线截面在 10mm² 及以上,应采用接线端子硬连接,做好防水及绝缘。

(14)所有营区、生产区域内架设的电缆、动力线应保证无破皮、无绝缘皮老化或龟裂现象。插头、插座等导电体间的连接应松紧适当、接触良好。各种密封插接件装配完后,应紧固到位。备用或分离后的防爆插头、插座,应及时加盖封好,做好防水、防爆处理。

(15)线路应保证良好的电气连接,遇有铜导体与铝导体相连接时,应采取铜铝过渡端子,防止发生接触不良等故障。

(16)线路应有短路和过载保护。

(17)电缆在使用中,不应成捆放置,应妥善摆放。

六、保护接零与接地

(一)保护零线(PE 线)、接地装置及要求

(1)保护零线(PE 线)的截面积应与线路或设备相线截面积相匹配。见表 15-1。

表 15-1　保护导体的截面积

设备相导体的截面积 S mm²	相应保护导体(PE,PEN)的最小截面积 S mm²
$S \leqslant 16$	S
$16 < S \leqslant 35$	16
$35 < S \leqslant 400$	$S/2$
$400 < S \leqslant 800$	200
$S > 800$	$S/4$

注:包含在电缆中的保护导体可不受此限。

(2)接地体(接地线桩)宜使用直径不小于 25mm,长度不小于 1500mm,表面镀锌钢制圆钢,接地体地面余长不超过 300mm。接地线宜采用黄绿相间专用铜芯接地线,两端使用与之相配的专用接线端子压制或焊接,与接地体之间采用螺栓连接,连接要牢固可靠。

(3)需进行接地保护的设备不应串联接地。除另有规定外,几种接地系统可共用同一个接地体(接地线桩),不同的电气设备及设施、罐体之间、房体之间也可共用接地体。

(4)发电机及变压器工作接地、设备及配电箱(柜)保护接地、电气控制房房体接地、各类活动房房体接地、罐体接地、保护线重复接地等各类接地的接地电阻阻值均不得超过 4Ω。

(二)发电机、发电房、电气控制房及总配电箱(柜)保护接零与接地

(1)发电机中性点工作接地,接地线截面积不小于 50mm²。发电机外壳保护接地,接地线截面积不小于 25mm²。

(2)发电房、SCR/VFD/MCC 房房体应保护接零并保护接地,接地线截面积不小于 25mm²,接地点不少于两处,接零线截面应符合表 15-1 要求。

（3）发电房总配电柜、井场总配电箱金属框架保护接地，接地线截面积不小于25mm²，同时应保护接零，接零线截面应符合表15-1要求。总配电柜及井场总配电箱保护零线(PE,PEN)应重复接地，接地线截面积不小于25mm²。

（4）营房总配电箱外壳保护接零并保护接地，接地线截面积不小于25mm²。营区电源进线处保护零线应重复接地，即：从发电机（或变压器）来的三相四线或三相五线制线路，进营区总配电箱前，PE(PEN)线应重复接地，接地线截面积不小于25mm²。

（5）当保护零线(PE)超过50m或存在分支时应重复接地。接地线截面积不小于25mm²。

（三）罐体、房体保护接零与保护接地

（1）循环罐（储液罐）区各罐体应保护接地，接地线截面积不小于35mm²。接地点不少于两处。

（2）防喷器远程控制台应保护接零并保护接地，接地线截面积不小于25mm²。接地点不少于两处。

（3）柴油罐区每个罐至少对角设置两个接地点，接地线截面不小于16mm²。

（4）油罐车卸油时，应与柴油罐接地体可靠连接。

（5）每栋营房、工房、地质综合录井房房体均应保护接零并保护接地，接地线截面积不小于25mm²。接地点不少于两处。

（四）设备设施保护接零与保护接地

（1）井场非直接焊接在罐体或设备组上的电气设备、防爆配电箱、防爆控制开关等金属外壳应保护接零，并应使用截面积不小于25mm²的接地线将其外壳与罐体或设备组相连。

（2）井场直接放置在地面或放置在非可靠接地构架上的电气设备，应保护接零并保护接地，接地线截面积不小于25mm²。

（3）井场750V直流、600V交流电气设备外壳应保护接地，接地线截面积不小于25mm²（包含在电缆中的保护导体可不受此限），可利用自然接地体就近接地。

（4）相邻电缆槽之间应使用截面积不小于25mm²接地线跨接，连接在一起的电缆槽应保护接零并保护接地，接地点不少于两处。

（5）营区Ⅰ类电气设备，工作时应保护接零。即其电源线插头接地极或防爆插头接地极应与插座接地极(PE端子)可靠连接，或设备电源线中的保护零线与线路的保护零线(PE线)可靠连接。

（五）接地装置日常巡检、维护

（1）检查接地线与接地设备、接地体（接地线桩）之间的连接是否接触良好，有无松动脱落等假接地现象。

（2）检查接地装置有无损伤、腐蚀现象。

（3）钻井队建立接地电阻测量台账，每个月对接地电阻进行一次测量。在每次搬迁后或电气设备移动后，应对其接地程度进行检查，测量其接地电阻值，应符合规定。

第四节 修井作业现场安全用电要求

作业期间，极易出现易燃可燃气体，因此，距井口30m以内区域的所有电气设备，都应符合防爆要求，做到整体防爆。下面介绍修井井场电气设备设施安全用电要求。

一、供电方式及供电设施

(一) 供电方式

修井施工现场电力来源包括发电机和工业电网供电两种。发电机自发电采用三相五线制供电方式。工业电网供电时，从电网到井场或营区采用三相四线制或三相五线制供电方式。井场和营区380V/220V线路应采用三相五线制供电方式。如图15-9至图15-12所示。

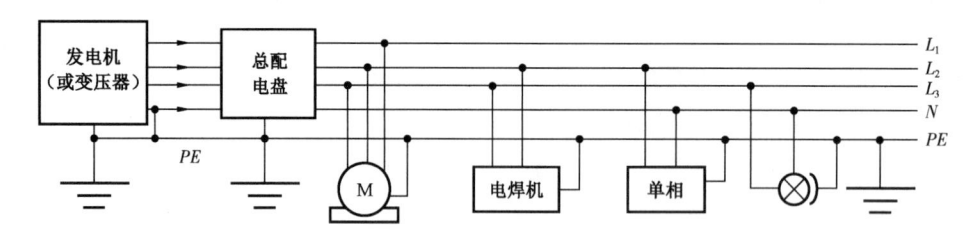

图15-9 井场电路示意图1

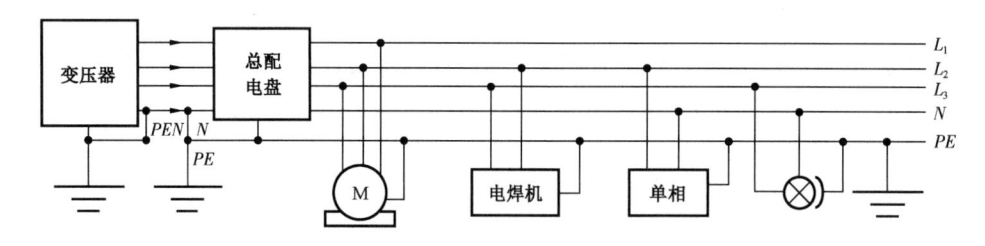

图15-10 井场电路示意图2

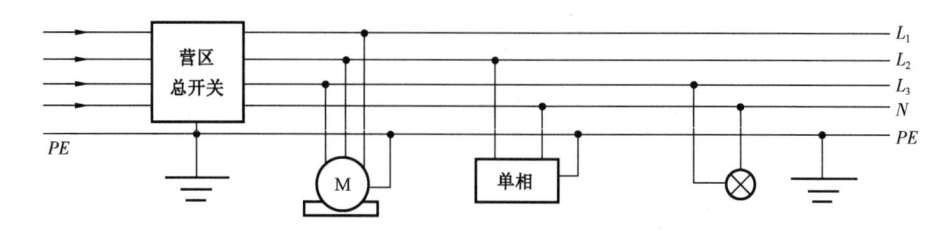

图15-11 营区电路示意图1

从发电机或电网到井场或营区线路采用三相五线制供电方式时，保护零线（PE线）在总配电盘和营区总开关箱处应重复接地（图15-9、图15-11）；从电网到井场或营区采用三相四线制供电方式时，PEN线在总配电盘和营区总开关箱处也应重复接地（图15-10、图15-12），然后分成N线及PE线，与三相火线共同构成三相五线制供电系统。

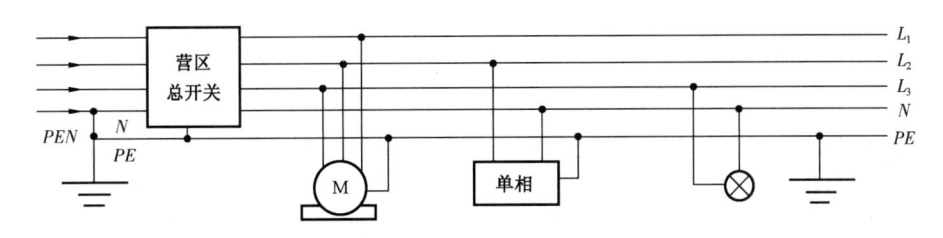

图 15－12　营区电路示意图 2

对电网供电设施的基本要求：

(1)变压器安装位置距井口不得小于 30m，否则，应采取防护措施。

(2)变压器宜在柱上安装，其高度应距地面 2.5m，摆放平稳，变压器周围宜用不低于 2m 的钢网做围栏，围栏距变压器外壳不得小于 800mm。

(3)变压器如果在地面上露天安装时，台面距地面高度至少为 500mm，周围用不低于 2m 的钢网做围栏，围栏距变压器外壳不得小于 800mm。

(4)跌落式熔断器要固定可靠，套管完好无损，动、静触头间隙接触紧密，跌落式熔断器距围栏的垂直距离不得小于 1.5m。

(5)熔断器熔丝电流的选择，一般为变压器高压侧额定电流的 1.5 倍。

(6)进出围栏要上锁，并在围栏上设置"高压危险"的指示牌。

(7)变压器高压侧应装设避雷器。

(8)变压器、跌落式熔断器等安装完毕，经检查合格后，方可通电试运行，三相电压应平衡。

(9)电气线路安装后，由基层队负责人和安装负责人对井场与营区电气系统进行全面检查，不得有错接及配比不合理等现象。

(10)电气线路启用前，应先试通电，确定整个电网运转正常后，才能通知基层队正式启用。

(二)对发电机供电设施的基本要求

(1)发电房与井口及出口罐的距离不应小于 30m。

(2)发电房不应摆放在低洼处，房下铺防渗布，周边打好围堰。

(3)发电房应内外清洁无油污、无污水。

(4)发电机电源应与外电线路电源互锁，严禁并列运行。

(5)两台发电机互为备用时，开关应具备互锁功能。

(6)发电机输出线出口应穿绝缘管保护。

(7)发电机控制屏应装设交流电压表、交流电流表、频率表等仪表。

(8)供电前应对发电机本体及附属设备、保护装置进行全面检查和试验，符合要求后方能送电。

(9)用电设备负荷不应大于发电机的额定功率。

(10)发电房应配有"配电重地　闲人莫入"的安全标识，房内应配有"当心触电"的安全标识。

二、线路控制

井场、液控箱、营区线路应各接一组专线单独控制。

三、线路敷设

(1)井场供电线路应采用 YCW 重型防油橡套软电缆。电缆应采用金属电缆桥架敷设、埋地敷设或架空的方式。

(2)井场线路安装应走向合理、整齐、规范,电缆敷设应考虑避免电缆受到腐蚀和机械损伤。

(3)电缆采用金属电缆桥架敷设时,桥架距地面高度应为 200mm;电缆采用埋地敷设时,埋深应不小于 300mm,并在电缆上下各均匀敷设软土或细砂。电缆过路地段应设有电缆保护套管或车辆过桥。

(4)电缆架空敷设时,固定点间距应保证橡套电缆能承受自重所带来的张力,电缆对地距离应大于 2.5m,车辆通过处应大于 4.5m,穿越公路时应大于 5m。

(5)电缆架空敷设若采用木杆,应选用未腐朽且末梢直径不小于 50mm 的木杆;若采用金属杆,固定橡套电缆处应作好绝缘处理。绑线不应使用裸金属线,线杆应埋设牢固。

(6)线路严禁从油罐区、管桥区上方通过,架空线不应跨越柴油罐区、柴油机排气管和放喷管线出口,距井架绷绳不小于 2.5m。

(7)严禁将电气线路直接牵挂在设备、井架、绷绳、罐等金属物体上,井架上电缆易磨擦处应加绝缘护套管。

(8)井场防爆区电气配线与电气设备的连接应符合防爆要求,连接处应用密封圈密封。

(9)井场防爆区电缆,原则上不应有中间接头。若必须有接头,连接方式及防爆保护措施应符合防爆要求,电缆接头要架空,并做好防水及绝缘。非防爆区电缆的中间接头,如果导线截面在 10mm^2 及以上,应采用接线端子硬连接,做好防水及绝缘。

(10)所有营区、生产区域内架设的电缆、动力线应保证无破皮、无绝缘皮老化或龟裂现象。插头、插座等导电体间的连接应松紧适当、接触良好。各种密封插接件装配完后,应紧固到位。备用或分离后的防爆插头、插座,应及时加盖封好,做好防水、防爆处理。

(11)供电线路进入值班房、发电房、锅炉房、材料房、消防房等各种活动房时,入户处应加绝缘保护套管,并保留适宜的防水弯或采取防渗漏措施,房内的照明灯应用绝缘材料固定。

(12)线路应保证良好的电气连接,遇有铜导体与铝导体相连接时,应采取铜铝过渡端子,防止发生接触不良等故障。

(13)线路应有短路、过载及漏电保护。

(14)电缆在使用中,不应成捆放置,应妥善摆放。

四、保护接零与接地

(一)保护零线(PE 线)、接地装置及要求

(1)保护零线(PE 线)的截面积应与线路或设备相线截面积相匹配。应符合表 15-1 的

要求。

(2)接地体(接地线桩)宜采用表面镀锌钢制圆钢,直径不小于 20mm,长度不小于 1200mm,地面余长不超过 300mm。接地线宜用黄绿相间专用铜芯接地线,两端使用与之相配的专用接线端子压制或焊接,与接地线桩之间采用螺栓连接,连接要牢固可靠。

(3)需进行接地保护的设备不应串联接地。除另有规定外,几种接地系统可共用同一个接地体(接地线桩),不同的电气设备及设施、罐体之间、房体之间也可共用接地体。

(4)发电机及变压器工作接地、设备及配电箱(柜)保护接地、各类活动房房体接地、罐体接地、保护线重复接地等各类接地的接地电阻阻值均不得超过 4Ω,接地线截面积不小于 16mm²。

(二)变压器、发电机及总配电箱(柜)保护接零与接地

(1)变压器中性点应工作接地,变压器外壳应保护接地。
(2)发电机中性点应工作接地,发电机外壳应保护接地。
(3)总配电箱(柜)的金属框架应保护接地并应保护接零,接零线截面符合表 15-1 要求。
(4)井场总配电箱(柜)的金属框架应保护接零并保护接地,同时保护零线重复接地。
(5)营房总配电箱外壳保护接零并保护接地,营区进线处保护零线应重复接地。
(6)当保护零线(PE)超过 50m 或存在分支时应重复接地。

(三)罐体、房体保护接零与保护接地

(1)循环罐(出口罐)区各罐体应保护接地,接地点不少于两处。
(2)防喷器远程控制台应保护接零并保护接地,接地点应不少于两处。
(3)柴油罐应保护接地,接地点不少于两处。
(4)油罐车在卸油时,应与柴油罐接地体可靠连接。
(5)发电房房体应保护接地,接地点不少于两处。
(6)每栋营房、工房房体宜保护接零,并应保护接地,接地点应不少于两处。

(四)设备设施保护接零与保护接地

(1)井场直接放置在地面或放置在非可靠接地构架上的电气设备,应保护接零并保护接地。
(2)灌注泵电动机保护接零并保护接地。
(3)液控箱内开关箱保护接零。
(4)非安全电压修井机照明灯和场地灯应保护接零,固定在修井机上的灯具开关箱需用截面积不小于 16mm² 的接地软铜线将其外壳与修井机金属构架相连。
(5)修井机金属外壳应保护接地。
(6)相邻电缆槽之间应使用截面积不小于 16mm² 接地线跨接,连接在一起的电缆槽应保护接零并保护接地,接地点不少于两处。
(7)营区 I 类电气设备,工作时应保护接零。即其电源线插头接地极或防爆插头接地极应与插座接地极(PE 端子)可靠连接,或设备电源线中的保护零线与线路的保护零线(PE 线)可靠连接。

(五)接地装置日常巡检、维护

(1)检查接地线与接地设备、接地体(接地线桩)之间的连接是否接触良好,有无松动脱落等假接地现象。

(2)检查接地装置有无损伤、腐蚀现象。

(3)基层队建立接地电阻测量台账,每月应对接地电阻进行一次测量。在每次搬迁后或电气设备移动后,应对其接地程度进行检查,测量其接地电阻值,应符合规定。

参 考 文 献

[1] 国家经贸委安全生产局组织编写. 电工作业. 北京:气象出版社,2004.11.
[2] GB 50058—2014 爆炸危险环境电力装置设计规范.
[3] SY/T 6202—2013 钻井井场油、水、电及供暖系统安装技术要求.
[4] SY/T 6725.2—2009 石油钻机用电气设备规范 第2部分:控制系统.